国家级一流本科专业建设点配套教材·产品设计专业系列 | 丛 书 主 编 | 薛文凯
高等院校艺术与设计类专业“互联网+”创新规划教材 | 丛书副主编 | 曹伟智

产品设计模型塑造

焦宏伟　编著

内容简介

产品设计模型塑造是效果比较好的培养和锻炼学生动手能力的实践性课程。本书根据产品设计模型塑造课程十余年的内容精炼而成，依据时代发展、科技进步等对产品设计专业的影响，重新定义并论述了产品设计模型塑造的本质及意义，阐明了当今模型塑造能力的培养对于产品设计的重要作用。全书系统地讲述了产品模型材料、工具设备等的分类与特性，以及多种产品模型加工工艺与塑造技法，深入浅出地展现了物料变成产品的创造性过程。无论是针对教学的产品设计模型塑造课程技法训练，还是针对产品的快速成型技术与CMF表面处理工艺探究，抑或是针对科研与设计实践的模型案例赏析，本书都展现了对优秀产品无尽的设计追求，每一章节都是一段奇妙的设计之旅。

本书适合作为高等院校工业设计、艺术设计等相关专业的教材，也可作为企业相关部门设计人员的参考用书。

图书在版编目（CIP）数据

产品设计模型塑造 / 焦宏伟编著．—北京：北京大学出版社，2024．1

高等院校艺术与设计类专业“互联网＋”创新规划教材

ISBN 978-7-301-34682-2

Ⅰ．①产…　Ⅱ．①焦…　Ⅲ．①产品设计—模型—高等学校—教材　Ⅳ．① TB472

中国国家版本馆 CIP 数据核字（2023）第 232113 号

书　　名　产品设计模型塑造
　　　　　CHANPIN SHEJI MOXING SUZAO
著作责任者　焦宏伟　编著
策划编辑　孙　明　蔡华兵
责任编辑　孙　明　王　诗
数字编辑　金常伟
标准书号　ISBN 978-7-301-34682-2
出版发行　北京大学出版社
地　　址　北京市海淀区成府路 205 号　100871
网　　址　http://www.pup.cn　　新浪微博：@ 北京大学出版社
电子邮箱　编辑部 pup6@pup.cn　　总编室 zpup@pup.cn
电　　话　邮购部 010-62752015　　发行部 010-62750672　　编辑部 010-62750667
印 刷 者　北京宏伟双华印刷有限公司
经 销 者　新华书店
　　　　　889 毫米 ×1194 毫米　16 开本　11.75 印张　247 千字
　　　　　2024 年 1 月第 1 版　2024 年 1 月第 1 次印刷
定　　价　69.00 元

序言

产品设计在近十年里遇到了前所未有的挑战，设计的重心已经从产品设计本身转向了产品所产生的服务设计、信息设计、商业模式设计、生活方式设计等“非物”的层面。这种转变让人与产品系统产生了更加紧密的联系。

工业设计人才培养秉承致力于人类文化的高端和前沿的探索，放眼于世界，并且具有全球胸怀和国际视野。鲁迅美术学院工业设计学院负责编写的系列教材是在教育部发布“六卓越一拔尖”2.0 计划，推动新文科建设、“一流本科专业”和“一流本科课程”双万计划的背景下，继 2010 年学院编写的大型教材《工业设计教程》之后的一次新的重大举措。“国家级一流本科专业建设点配套教材 · 产品设计专业系列”忠实记载了学院近十年来的学术、思想和理论成果，以及国际校际交流、国际奖项、校企设计实践总结、有益的学术参考等。本系列教材倾工业设计学院全体专业师生之力，汇集学院近十年的教学积累之精华，体现了产品设计（工业设计）专业的当代设计教学理念，从宏观把控，从微观切入，既注重基础知识，又具有学术高度。

本系列教材基本包含国内外通用的高等院校产品设计专业的核心课程，知识体系完整、系统，涵盖产品设计与实践的方方面面，从设计表现基础—专业设计基础—专业设计课程—毕业设计实践，一以贯之，体现了产品设计专业设计教学的严谨性、专业化、系统化。本系列教材包含两条主线：一条主线是研发产品设计的基础教学方法，其中包括设计素描、产品设计快速表现、产品交互设计、产品设计创意思维、产品设计程序与方法、产品模型塑造、3D 设计与实践等；另一条主线是产品设计实践与研发，如产品设计、家具设计、交通工具设计、公共产品设计等面向实际应用方向的教学实践。

本系列教材适用于我国高等美术院校、高等设计院校的产品设计专业、工业设计专业，以及其他相关专业。本系列教材强调采用系统化的方法和案例来面对实际和概念的课题，每本教材都包括结构化流程和实践性的案例，这些设计方法和成果更加易于理解、掌握、推广，而且实践性强。同时，本系列教材的章节均通过教学中的实际案例对相关原理进行分析和论述，最后附有练习、思考题和相关知识拓展，以方便读者体会到知识的实用性和可操作性。

中国工业化、城市化、市场化、国际化的背后是国民素质的现代化，是现代文明的培育，也是先进文化的发展。本系列教材立足于传播新知识、介绍新思维、树立新观念、建设新学科，致力于汇集当代国内外产品设计领域的最新成果，也注重以新的形式、新的观念来呈现鲁迅美术学院的原创设计优秀作品，从而将引进吸收和自主创新结合起来。

本系列教材既可作为从事产品设计与产品工程设计人员及相关学科专业从业人员的实践指南，也可作为产品设计等相关专业本科生、研究生、工程硕士研究生和产品创新管理、研发项目管理课程的辅助教材。在阅读本系列教材时，读者将体验到真实的对产品设计与开发的系统逻辑和不同阶段的阐述，有助于在错综复杂的新产品、新概念的研发世界中更加游刃有余地应对。

相信无论是产品设计相关的人员还是工程技术研发人员，阅读本系列教材之后，都会受到启迪。如果本系列能成为一张“请柬”，邀请广大读者对产品设计系列知识体系中出现的问题做进一步有益的探索，那么本系列教材的编者们将会喜出望外；如果本系列教材中存在不当之处，也敬请广大读者指正。

2020 年 9 月

于鲁迅美术学院工业设计学院

前言

“产品设计模型塑造”是产品设计专业的重要基础课程之一，以设计实践教学为主旨，是深入研究与表达产品设计的重要课程。产品设计专业的教学随着时代、社会、科技、人文等的发展，已经发生了质的变化，突破了现代设计教育习从西方的瓶颈，形成了我们特有的设计教学体系。党的二十大报告提出：“我们不断厚植现代化的物质基础，不断夯实人民幸福生活的物质条件，同时大力发展社会主义先进文化，加强理想信念教育，传承中华文明，促进物的全面丰富和人的全面发展。”面对新时代、新需求的不断变化，尤其是以 CNC（数控机床）、3D 打印、三维扫描、CMF（产品外观表面设计）等为代表的新技术、新材料、新观念对产品设计教育中的模型塑造产生了巨大的影响，使我们产生了很多诸如“有了先进的打印技术，还有必要学习手工模型塑造吗？”等方面的困惑，导致很多师生只重视漂亮的设计结果，而忽视了设计本质的基础教育。党的二十大报告中还提出了：“实践没有止境，理论创新也没有止境。”因此，本课程的技术理论亟待发展，创新设计实践知识亟待总结，需要编写理论与实践相结合的课题设置与实操指导的适用性教材。

本书根据编者十余年的“产品设计模型塑造”课程发展情况与教学成果汇总并整理而成，可谓“十年模一见”。本书的课题设计坚持围绕和突出基础教学的实践作用，尊重传统，守正创新；从本质上明确教学任务，以强化塑造技法训练为基础，以提高模型表达能力、设计思辨能力为目标；挖掘提升“以不变的设计表达手段应对万变的设计需求”的能力。早在创立之时，包豪斯就提倡以模型表现验证设计，践行了金工实习的教学方法。然而，产品设计模型塑造历经百年的发展，仍需新材料、新工艺、新观念来促进自身不断完善。本书注重产品设计模型塑造理论教学与实践教学的结合，通过各类模型技法的课题设置，培养学生的创新意识和动手能力，使学生注重产品尺度、设计品质等观念。本书对于提高学生对产品形态的理解能力、塑造能力及设计创新能力尤为重要。

当我们对产品设计模型塑造的认知与理解从技术层面上升到设计艺术层面时，对产品设计模型塑造内涵的理解必将产生质的飞跃，这将对产品设计专业课程体系的学习起到重要的基础性支撑作用。

焦宏伟

2023 年 5 月

【资源索引】

目录

第 1 章 产品设计模型塑造基础认知

本章要点

■ 模型塑造的本质及意义。

■ 产品设计模型的分类及特征。

■ 产品设计模型的基本要素。

■ 模型塑造观念的继承与发展。

本章引言

产品设计模型塑造是工业设计专业重要的基础课程，是培养学生立体设计思维的重要手段，是从专业基础向专业设计过渡的转折点，也是将设计转变为现实的纽带。模型塑造是产品设计过程中，表现设计意图最直观的三维设计表现形式，是把头脑中的形态结构等产品特征，以美的、合理的、科学的、简便的、快速的方式表达出来的设计过程，即设计思考与实践相结合的过程。工业设计是一个交叉性学科，这注定了其下属专业的复杂性，所以能够准确地认知模型塑造本质的基础理论十分重要。

1.1 模型塑造的本质及意义

“模者范也，型者态也”指的是模范的形态。“型”的本义是铸造器物用的模子。模型的塑造则是造物表达的一种能力，在产品设计中起着重要的作用。

1.1.1 模型塑造的本质

模型塑造的本质是服务于设计，当产品设计进入模型设计阶段就不再是纸上谈兵，而是走向了实践创新。不要因为追求模型效果而忽略了设计对模型的需求，应在设计模型实践中把握模型塑造的本质。设计师可以选用身边任何易得易用的材料，采用任何手段来进行设计表现，并且要快速记录设计灵感。例如，贝聿铭设计中银大厦的灵感就是在用餐时将 4 根筷子拢成一束后，再调整各自高度的构成比例后得来的。设计不应拘泥于固有规则，应从全面、深入、创新的角度去看待和理解模型对设计的作用。

模型塑造是设计产品的一种立体思维模式，以动手制作真实可触的设计模型来推敲和完善产品设计方案为特征；在视觉表现的基础上增加了二维形式难以体验的轻与重、软与硬、空与实、大与小的触觉感知，通过手、眼、脑等感官体验产品设计的形态、结构、空间、尺度、人机等交互信息；能够简单高效地理清设计思路，提出切合实际的设计方案，表现产品美学特征，使产品设计更适于现代生产。例如，丹麦家具设计的传奇人物汉斯 · 瓦格纳在设计每把椅子时，都会亲手制作模型，对设计形式进行推敲，研究材料的合理使用。他对工艺与细节精益求精，因此他的作品被称为世界上最美的椅子。

模型塑造不仅是“锉木头、做模型”，还渗透着设计师对产品的感受与理解，更是创造新产品、引领新生活的方式。同时，它也是提升设计师空间形态立体思维能力、理性逻辑思维能力、创新设计思维能力的学习方式。从事产品设计的人都有着极大的好奇心，这种好奇心促使我们去探索和发现产品的奥秘。从小我们就经常带着浓厚的兴趣把身边或新或旧或坏的东西拆开，去研究产品的内部是什么样的，玩具的关节是如何会动的，盖子是如何连接、如何打开的，甚至去研究产品是如何制造出来的，之后再组装好，忐忑地观察它是否还好用。有时，我们还会比较具有同样功能而形态不一样的两个或多个产品；我们也会尝试画出或做出自己想要的东西……这些做法实际上都培养了我们的动手能力，创新是产品设计的核心，模型塑造同样会激发我们的这种兴趣，促进创新思维的建立（图 1.1）。

图 1.1　模型塑造会促进创新思维的建立

1.1.2 模型塑造的意义

在产品设计程序中，推敲产品设计的形态、比例、尺寸、人机，需要模型；对批量产品进行分析、测试、评审，需要模型；个性化产品的设计、开发、制作、使用，也需要模型。实物模型直观立体的表现特征是检测与评价设计质量的重要标准。选用合适的模型材料、恰当的塑造工艺来表现不同阶段的产品设计要求，各个阶段与多种类型的设计模型扮演着创意启发、推敲表现、体验交流、验证成果等设计角色。产品设计实物模型的可触性等感知传递，使其具有很多其他表现方式无法替代的特殊价值，如拆解和爆炸模型可以用作生产、装配、维修的工艺分析；产品仿真模型可以进行碰撞实验、风洞实验、跌落实验等，也可以在最接近真实的情况下验证产品的人机工程学情况。

近年来，随着科学技术的发展，尤其是 AI（人工智能）增强现实技术在设计领域的应用，产品数字模型可以在虚拟现实环境下进行操作和使用，主要用途是设计渲染形态、材质、色彩等产品的外观要素，以及进行模拟结构、计算质量、检测强度等产品物理量的分析。数字模型虽然在提高设计效率、降低设计成本等方面的作用越来越突出，但实体模型，尤其是传统手工模型因具有塑造方法简便、快速、经济，取材广泛等优势，仍然发挥着数字模型不可替代的作用。

党的二十大报告提出："坚持把发展经济的着力点放在实体经济上，推进新型工业化，加快建设制造强国、质量强国、航天强国、交通强国、网络强国、数字中国。"等一系列要求，为了落实这些战略要求，模型塑造课程要适应当代工业设计教学体系：一方面，在课程设置中应侧重于设计模型塑造实践，注重培养手工模型的动手设计思维；另一方面，也要注重科技，积极研究数字虚拟模型及结合快速成型技术的实物模型，与快速成型技术同步发展并适当依靠其技术，提高模型制作的效率和表现设计的魅力（图 1.2）。

图 1.2　体现朴实与厚重艺术特征的公共座椅创作，模型的意义在于分析、探究、验证、评审 | 作者：焦宏伟

1.2 产品设计模型的分类及特征

在现代工业设计中，产品设计模型塑造的历史虽仅有几十年，但它不断地从传统手工技艺中博观约取设计技巧，加之科学、技术、艺术的融入，呈现出多学科交叉与快速发展的特征。与产品设计模型塑造相关的艺术设计门类有陶瓷、建筑、服饰、皮雕、木刻等，它们有着相通的基础材料、工具设备、加工工艺。从模型通识的角度看，产品模型有着多种分类方式，各种类别又相互关联与渗透，很难进行孤立的分类，一般合并归纳为设计类模型与表现类模型两大类。对这两大类加以介绍，旨在更为简明地表述各类模型间的关系。

1.2.1 设计类模型

设计类模型主要是指在产品设计各阶段对方案进行推敲研究所使用的模型。在产品设计层面，设计类模型的制作多数包含在对内设计的过程中，在工业设计教学的人机工程学、产品设计、家具设计等课程中应用比较广泛(图 1.3)。

设计类模型可按照设计要素和表现特征细分为形态模型、机构功能模型、人机模型等；设计类模型也可按设计阶段或者制作程度细分为推敲草模、结构模型、概念模型等；设计类模型还可按材料特性和塑造工艺细分为纸质模型、发泡树脂模型、木制模型、密度板模型、ABS 塑料模型、油泥模型、玻璃钢翻制模型、金属模型、综合材料模型等。设计类模型要因题选材，对于同一设计类模型，选用不同的模型材料，其物理特征表现各异；采用不同的制作工艺，其难度成本不尽相同，表现效果也会有较大区别，要综合性价比选择最合适的材料与工艺。例如，形态类设计模型是本课程的核心课题，形态类设计模型通常会采用发泡树脂、密度板、ABS 塑料、油泥等材料，手工塑造实体模型。学生应通过课题实践掌握材料特性、塑造技法，在这一过程中应注重对产品形态美感、尺度比例的设计与推敲。

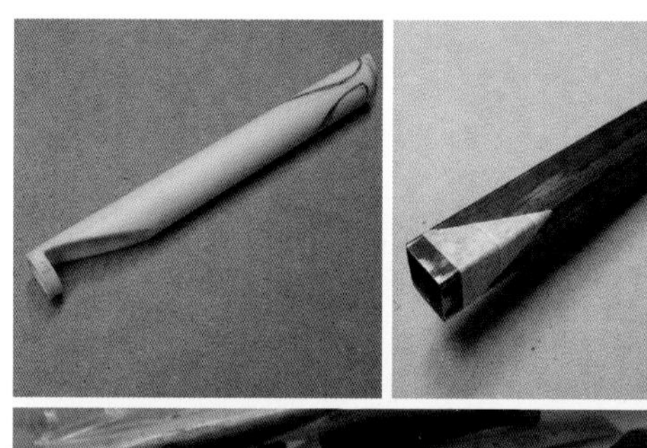

图 1.3　油泥刮刀创新设计，白钢手工打造 | 作者：焦宏伟

1.2.2　表现类模型

表现类模型主要是指在产品设计完成阶段对设计方案进行全面深入表现的模型。在产品展示层面，表现类模型多数包含在产品设计对外的成果中，在工业设计教学的研究性课题、设计实践、毕业设计等课程中应用比较广泛。在产品设计与企业生产中，也会大量运用表现类模型进行产前评估和生产指导。

表现类模型可按设计生产需求细分为结构验证模型、工艺验证模型、功能实验模型；也可按加工方式细分为手工模型、CNC 真材减式模型、3D 打印仿材加式模型；还可按评审对象与功能需求细分为定案模型、仿真模型、展示模型、产品样机。这类模型大多是产品设计中具有创新性的第一件样机，因此称为首版模型。

制作表现类模型，需要掌握传统模型制作技巧与模型先进制造技术。表现类模型注重对产品设计各要素完美效果的表达，注重设计精度、表面质感、人机功能等真实感官的交互实现。一般先采用 ABS 等塑料、铝合金等金属，运用 CNC 真材减式技术加工模型主件，或运用 3D 技术打印出树脂粉末模型、光敏树脂模型、类橡胶软模型、金属粉末模型；再结合手工模型修正、拼接、打磨、表面处理等塑造手段，最后完美呈现产品设计特征的体验模型（图 1.4）。

各种类型的模型虽有不同，但也只是在材料特性、工具使用、加工工艺方面的不同，其基本原理、技术要求、造型规律、艺术呈现等都是相通的。通过塑造课程训练，只要具有良好的设计及模型塑造能力，就能将各种类别的模型都做好。

图 1.4　采用铝合金 CNC 加工的毕业设计首版模型 | 作者：张晓宇　李思蒙　段旭　田媛媛　马燕，指导教师：焦宏伟

1.3 产品设计模型的基本要素

理解和掌握产品设计模型的基本要素是做好产品设计模型的前提，模型要素主要包括产品形态、制图基准、比例单位、材质工艺、人机关系等设计要素，是产品设计专业基础课程中相互关联支撑的要素。形态设计、机械制图、材料与工艺等课程是模型塑造前置必修课程，而模型塑造的知识会影响人机工程学、创新设计等课程的学习，这些要素构成了专业课程设计的知识链条。将模型塑造的研究作为设计与科学来看待，探索形态、材料、工艺等方面的知识，会带我们进入“重剑无锋，大巧不工”的更高设计层面。只有理论与实践相结合，才能成功。

1.3.1 产品形态

产品形态设计是模型塑造的拱心石，每个产品都有属于自己的最简化的形态，这种形态确定了产品设计的造型风格，影响着整体与细节的关系。通常，产品细节的增加会影响产品形态比例和复杂程度，因此整体的初始形态不宜过于复杂。产品形态依据设计方法与造型规律可分为几何形态、自然形态两大类别。

1. 几何形态

几何形态是二维几何图形向三维立体转变的形态，具有较强的点、线、面数理关系，是由平面、单曲面、双曲面围合而成的形态。标准的几何图形构成了从最少面的四面体到复杂的二十面体、球体等标准几何形体，有极简的形态，也有复杂的空间形态。因其具有高度的对称性和秩序美感，达·芬奇也曾为之着迷，深入研究并绘制了柏拉图多面体。这类形态经常被直接或变化后用作产品设计的基础形态。

几何形态的造型变化方法是以标准几何形体为基础，运用组合、穿插、布尔、拉伸、挤压、缩放、扭转、弯折、倒角、重构等造物手法构成产品基础形态（图1.5）。这些是关于形态线面转换与构成比例的研究。倒角在几何形态塑造中的作用是光顺边线、方便装配、提高视觉精度等。对直倒角、圆倒角、变径倒角等进行合理设置，则是改变几何形态的重要手段与方法。

在进行产品模型塑造时，复杂的几何形态关系需要大量的脑力计算，可以借助三维软件进行模型创建、曲面展开、模型复原、抽壳拔模等步骤的运算。

图1.5 可繁可简的产品几何形态，复杂来源于简单的变化

2. 自然形态

形态仿生设计是造型设计中“师法自然”这一设计观念的具体表现，是最基础也是最高级的形态设计方法。形态仿生设计是在模仿自然的基础上，对其进行再创造，而非依葫芦画瓢。

设计制作出优美的产品形态是设计师应有的能力。通过对卵石、松果等自然形态和生物结构的观察，可以从发现美的规律，获得很多设计灵感。在自然形态具象的点、线、面的优美比例关系中，由美学逻辑转换为抽象的对称、有序、平衡、硬朗、柔美、稳重、轻盈、生长等感受特征。而自然形态的丰富变化又如音乐的节奏、韵律一样美丽动人。

在很多经典产品的形态中，可以看到自然形态的影子或是对自然结构的还原仿生设计，如吉他—人体、灯泡—梨子、轴点—关节。路易吉·克拉尼认为他的灵感都来自自然，他说：“我所做的无非是模仿自然界向我们揭示的种种真实。”他根据自己坚信的自然界法则，利用曲线发明独特的生态形状（Bio-form），并将它们广泛地应用于圆珠笔、时装、汽车、建筑和工艺品设计当中，使之成为崇尚自然的设计典范。

在设计与塑造自然形态产品时，变化万千的自然形态不容易通过数据模型表现和控制，这时比较适合用手工方式对发泡树脂、油泥等易加工、可塑性强的材料进行塑造表现，这样可以快速制作出多个可供对比、符合人机关系、形态优美的产品形态。在产品深入设计阶段，可以通过三维扫描技术对手工塑造的形态进行扫描，得到用于逆向设计的数据模型，再运用三维软件进行复合曲面的数据提取及放样等。数据模型可用于产品深入设计、快速成型表现、后续加工与生产。

产品形态设计中的几何形态与自然形态，不是相对孤立存在的，可以进行直与曲、方与圆、空与实、无形与有形之间的转换或融合，从而进行更为广泛的形态创新设计（图 1.6）。

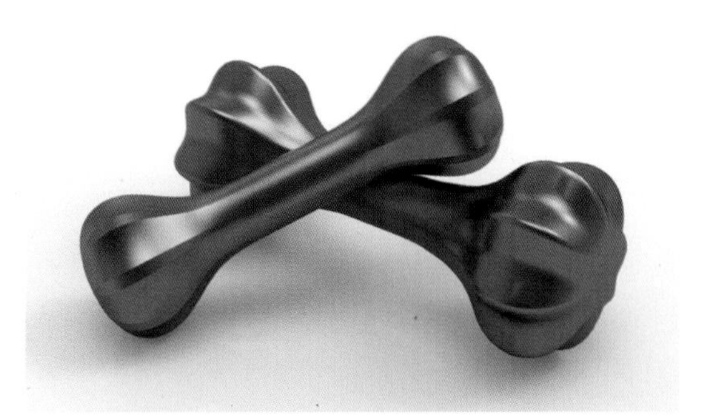

图 1.6　提炼自然形态美感的哑铃设计丨作者：景慧杰，指导教师：焦宏伟

1.3.2 制图基准

在进行产品模型塑造之前，要具备产品制图、测绘识图能力，具备通过产品图片分析绘制图形、确定形态尺度的能力。如在看图临摹塑造产品模型的课题训练中，对产品图片的三维转化与分析不能只靠轮廓线分析形状，还应该去观察阴影关系，但是无论轮廓线还是阴影关系都是实际不存在的，它们都是随着视角和光线的变化而不断变化的。因此，它们都只能作为参考，还有可能会误导我们对形态的分析。那么，要靠什么去准确地分析物体形态尺度呢？

“无规矩不成方圆”，在产品模型塑造坐标系中，“矩”是应用最多、最重要的垂直与水平的角度概念。以零点水平面为基准，两两相交、互相垂直的平面，构成了主视、侧视、俯视 3 个标准视图。制图基准中的坐标基准原点、基准面、形态中轴线、对称面、剖面结构线、形态转折特征点、长宽高特征点是比较准确的分析特征。以此建立明确的产品模型三维关系、坐标系与坐标基准的制图概念，以及采用对比观察与分析的方法，积累准确判断图片中产品大小的实践经验，都能大大提高对产品形态理解和表达的准确性（图 1.7）。

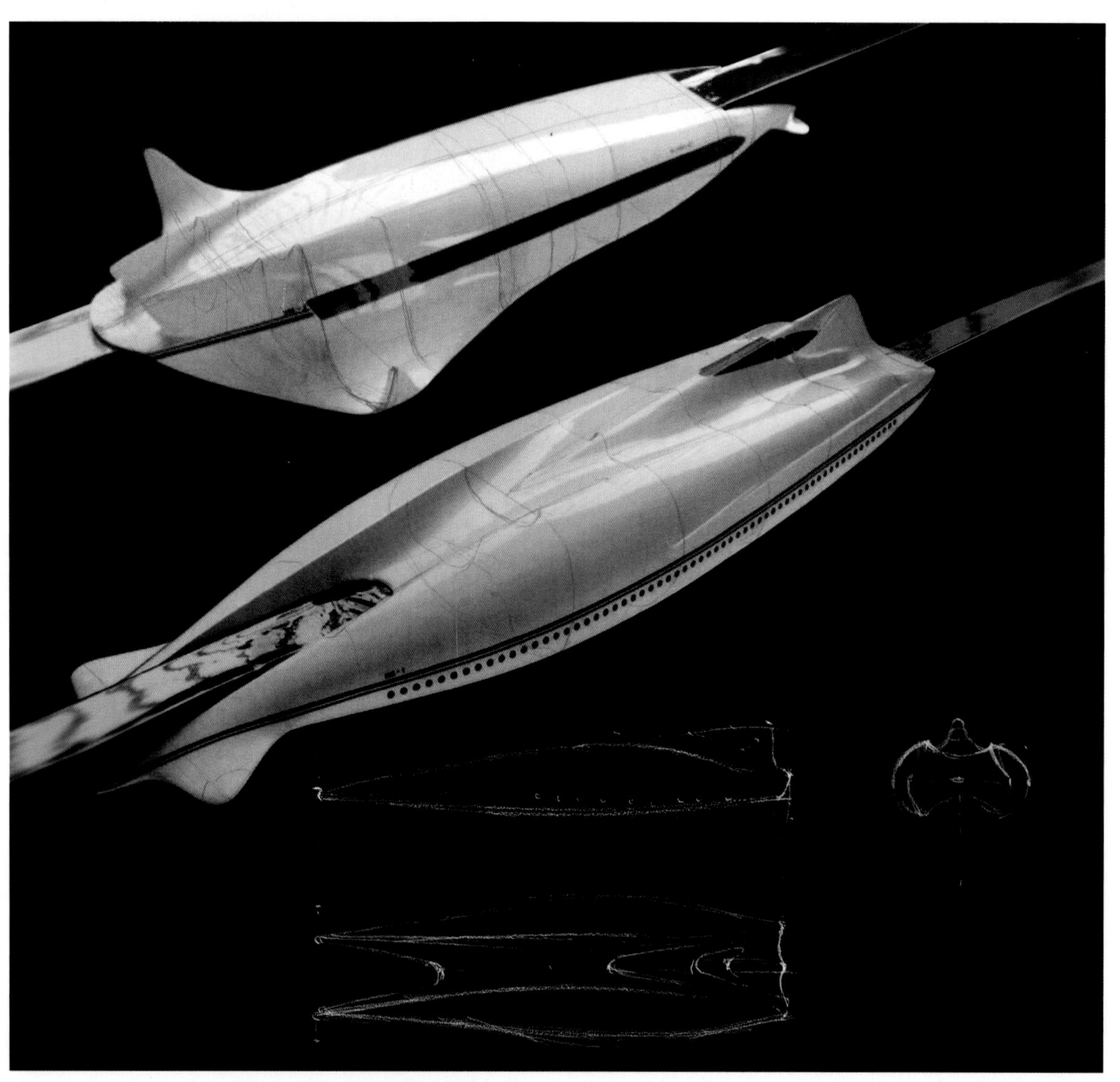

图 1.7 通过图片分析克拉尼设计的交通机具的形态特征并确定模型的制图基准

1.3.3 比例单位

产品设计与其他艺术设计一样都运用了黄金分割等比例关系。与绘画等平面艺术不同，立体艺术的比例尺寸关系更复杂，称为形态比例。整体形态与局部细节的比例关系是否协调，是产品造型设计所研究的基础问题。

产品模型的另一个比例概念是模型尺寸与产品真实尺寸的分数或倍数，通常根据产品设计环节、设计条件及对产品整体形态与设计细节的具体要求，来确定模型的制作比例。产品模型塑造主要有以下 3 种比例。

(1) 放大（N : 1）。指整倍数放大产品尺度，多用于小微产品研究或展示宣传模型（图 1.8）。
(2) 缩小（1 : N）。指整倍数缩小产品造型，多用于大型产品设计方案的选定（图 1.9）。
(3) 等比（1 : 1）。等比是日用产品设计使用频次最多的模型比例，效果最真实（图 1.10）。

单位是指计量事物的标准量。中国产品设计专业课程采用国际单位制，尺寸基本单位采用毫米（mm）、重量基本单位采用克（g）、密度常用单位是 g/cm^3。古今中外有许多对计量单位的记载，如《考工记》中记载：人的身高（一仞）八尺，臂展亦为八尺，一仞等于小八尺或大七尺。如今还有少数国家使用英制单位。当设计产品涉及不同单位制时，我们要学会各单位之间的换算，如 1 英寸（in）=25.4 毫米（mm），1 磅（lb）=453.59237 克（g）。

图 1.8　体积与价值都放大了多倍的杰夫 · 昆斯“气球狗”

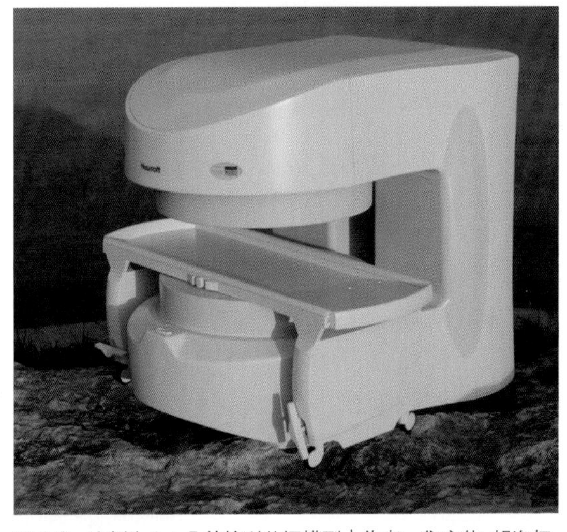

图 1.9　比例为 1 : 5 的核磁共振模型 | 作者：焦宏伟 胡海权

图 1.10　比例为 1 : 1 的踏雪板模型 | 作者：吴澄扬，指导教师：焦宏伟

1.3.4 材料工艺

本课程对于材料特性与工艺技巧的研究探讨不仅是技术层面的问题，而且是产品模型设计与制作的品质问题，既是对精度的要求，又是工匠精神的体现(图 1.11)。

《考工记》中的“材美工巧”、日本精工中的“精益求精”都是对产品精度的解释与要求。包豪斯设计基础课程的设立和要求同样具有深刻意义。当代优秀企业正是依靠科技进步与工匠精神创造出一代代优品的(图 1.12)。

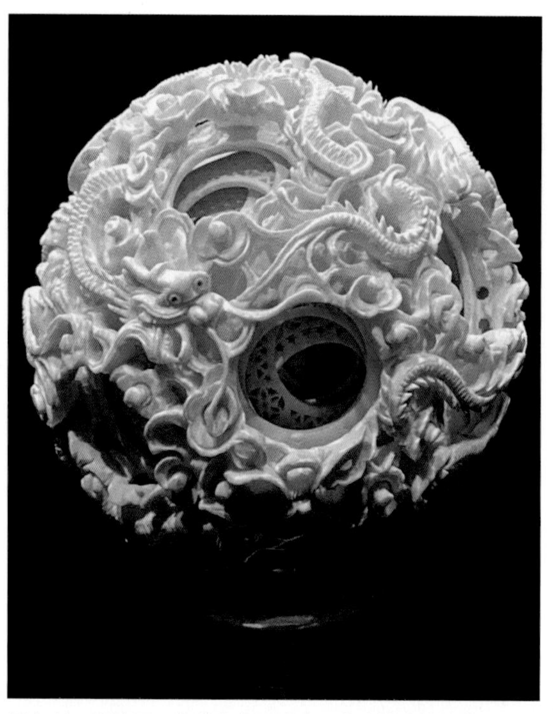

图 1.11 巧夺天工的转心象牙球 | 辽宁省博物馆馆藏

图 1.12 具有极高设计与工艺水平的产品都会带给使用者“材美工巧”的感受，完美的操控体验反映出极好的人机关系

1.3.5　人机关系

古希腊有句格言："人是万物的尺度。"(图 1.13)日常产品中的很大一部分是供人坐卧、拿取、把持的产品，这类产品会与人接触，有着较强的人机尺度限定和感官要求。在产品设计模型塑造的过程中，要以人机关系理论为基础，依靠设计师本人或设计人群对产品模型的触感等感官体验的反馈，深入推敲模型形态、尺度、操作方式等设计要素。因操作习惯的差异，手持类产品形态各有不同，如刀锯手柄的截面多是椭圆形，而锉柄的截面多是圆形。人体尺度差异应有一定适应范围，除非是定制产品，否则要适应大众需求、兼顾左右手习惯等。产品模型应遵循这一通用的设计原则(图 1.14)。

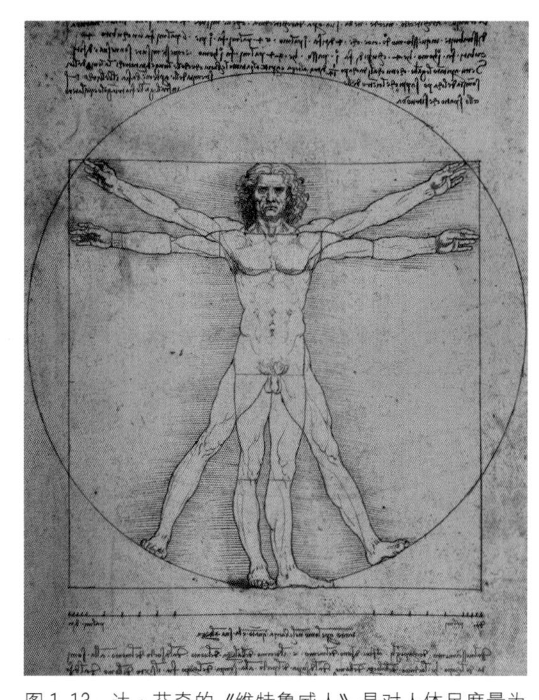

图 1.13　达·芬奇的《维特鲁威人》是对人体尺度最为经典的解读

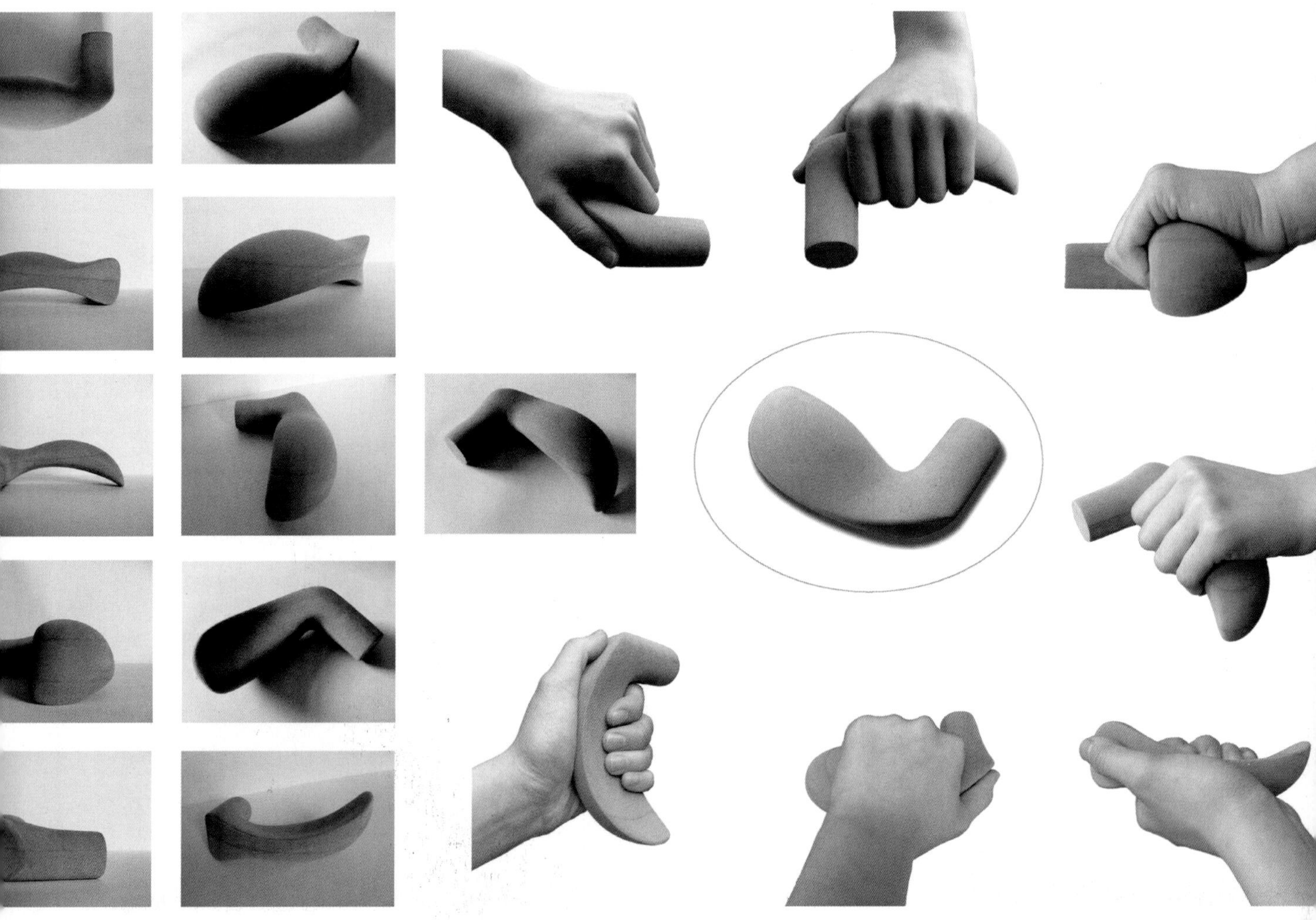

图 1.14　门把手设计模型制作 | 作者：顾威，指导教师：焦宏伟

1.4 模型塑造观念的继承与发展

手巧者心灵，动手实践可以培养灵动思维，模型塑造过程也是设计经验的积累过程。路易吉·克拉尼、贝聿铭、乔治·亚罗等设计大师的很多经典作品的设计灵感都是受模型启发产生的。即便是从不动手做设计的设计理论家和企业老总，也会肯定和推崇动手设计的方式。如今，快速成型技术被广泛应用，手工传统模型受到很大的影响，很少有学生愿意拿起模型工具来动手制作自己的设计方案模型，而他们面对设计又束手无策，这很不利于创新人才的培养，因此，笔者在此再次强调模型塑造对于产品设计的重要性。

党的二十大报告明确提出："我们必须坚定历史自信、文化自信，坚持古为今用、推陈出新。"产品设计需要承袭传统文化，我们可以通过阅读古典文献继承与发扬传统的工匠精神。对产品模型塑造影响巨大的一部典籍是流传近两千年的《考工记》。《考工记》是研究中国古代科学技术的重要文献，被誉为中国科学史上的坐标。书中记载了6门工艺的30个工种的技术规则。其对形制标准、选材设色等工艺内容的描述，尤其是"天有时，地有气，材有美，工有巧，合此四者，然后可以为良"的经典论述向我们传达着古人的美学思想与工匠智慧。

另一部典籍是明代宋应星的《天工开物》，被誉为中国17世纪的工艺百科全书，书中有对农业器具、陶瓷器皿制造，冶金铸造、玉器雕琢等工艺的记载和对家具的结构形制的描述，古人"攻金之工"的铸造工艺"模"与"范"对当今的产品模型模具设计有很深的影响。

纵观中国工艺历史和世界工业设计发展史，可以从诸多历史事件的交叉点上发现一些规律，如中国景泰蓝工艺与西方钟表工艺的诞生与发展，都体现着精益求精的理念。相同历史时期的不同文化之间存在技艺趋同的发展特征。如齐白石与巴勃罗·毕加索、石涛与凡·高、拿破仑与乾隆皇帝，他们虽然不曾相遇，但都发展着各自对艺术的理解，他们对艺术的追求不谋而合。

党的二十大报告提出："加快建设国家战略人才力量，努力培养造就更多大师、战略性科学家、一流科技领军人才和创新团队、青年科技人才、卓越工程师、大国工匠、高技能人才。"自古以来，都是由聪明又有创造才能的人创制器物，由工巧的人加以传承。鲁班、墨翟、李冰是创造历史的代表，百工世代遵循并发扬着"材美工巧、含蓄隽永、空灵优雅、重意尚神，工而入逸"的工匠精神。本课程的模型塑造技艺更需传承和发展，设计师有必要去探索和创新工匠精神，这也是文化自信的表现（图1.15、图1.16）。

图1.15 车床是传统机加工的利器 | 中国铸造博物馆馆藏

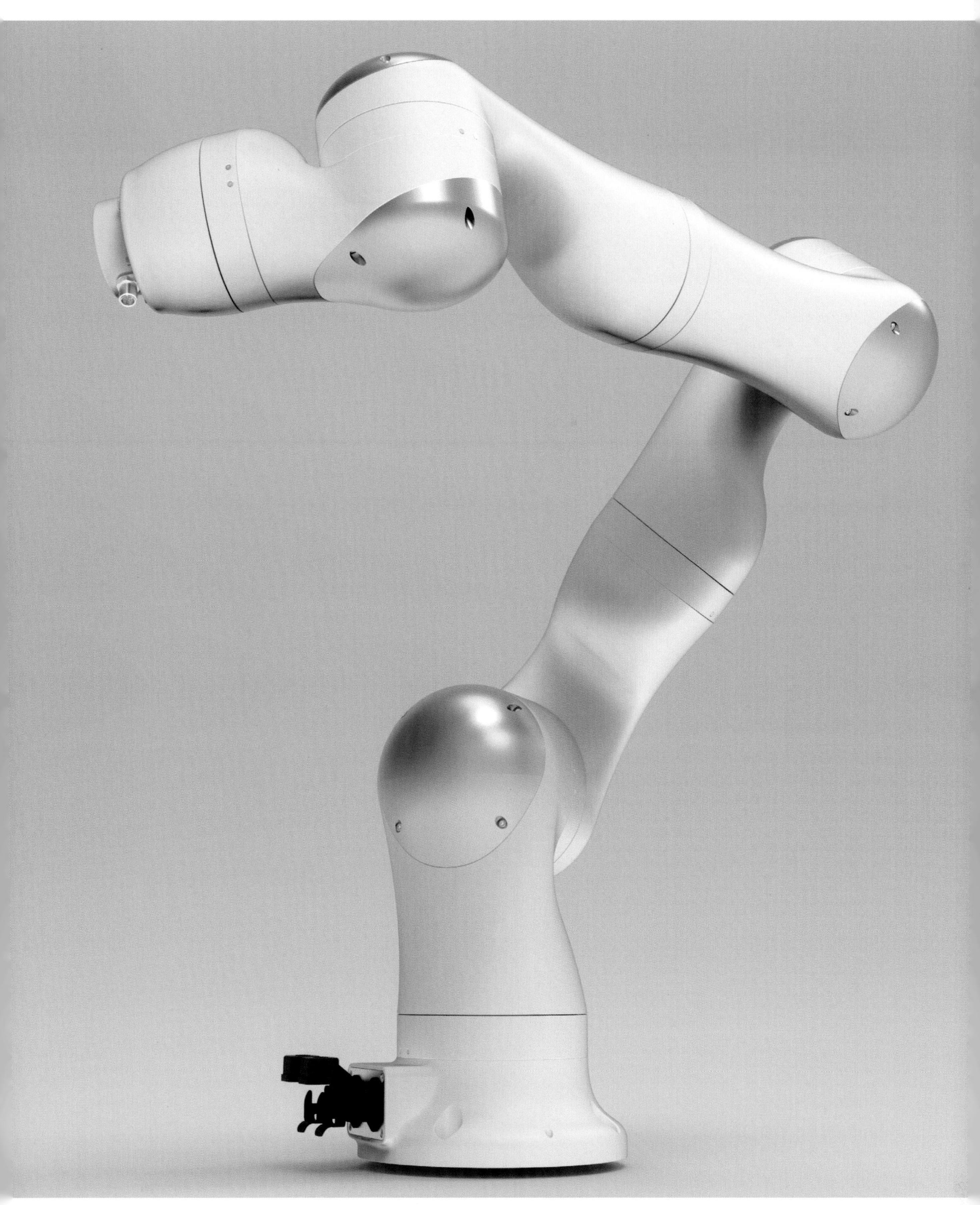

图 1.16　中国科学院沈阳自动化研究所柔性机械臂设计 | 作者：焦宏伟

本章思考题

(1) 模型塑造课程在工业设计教学课程体系中的意义是什么?

(2) 模型塑造在产品设计全过程中有哪些作用?

(3) 模型塑造课程旨在培养学生掌握哪些设计要素?

(4) 试论传统工匠精神对模型塑造观念的影响。

第 2 章 产品设计模型塑造材料

本章要点

- 模型塑造的适用材料。
- 轻质、低密度材料的特性及工艺。
- 天然竹木、密度板的特性及工艺。
- ABS 等工程塑料的特性及工艺。
- 油泥等可塑性材料的特性及工艺。
- 硅胶、树脂、石膏等翻制材料的特性及工艺。
- 铝合金等金属材料的特性及工艺。

本章引言

材料是塑造模型的物质基础。产品设计模型课程要以教师在设计教学和设计实践中积累的经验为指导，使教学内容与现代的产品设计模式同步。学生应不断从理论层面了解新材料的特性并通过实践熟练掌握其使用方法，提高对产品模型塑造的典型材料及其工艺特性的认知与掌握能力。恰当选用模型材料会大大提高模型的质量和生产效率，如在形态设计与塑造训练课题中使用发泡树脂、合成木材、油泥等材料；在样机等仿真模型制作中使用 ABS 与亚克力等工程塑料、碳纤维等复合材料、铝合金等有色金属；在原型塑造与翻制训练课题中使用合成树脂、硅胶等材料。模型材料多为易燃物，在使用和存放的过程中都要高度重视防火安全。

2.1 模型塑造的适用材料

材料是模型塑造的物质基础，每一种材料都有其材质美感、形态特性、适用工艺、应用属性，以及触觉与视觉的综合感官特性。

2.1.1 材料众多

工业设计专业将材料分为塑料、金属、玻璃、木材、石材五大类，当今材料科学还在不断优化创新出新的材料，如碳纤维、硅胶、AB树脂、铝合金等，其中铝合金按成分与配比的不同分为多个系列，合金列表显示出更优异的材质性能，可以满足更高的性能需求。如以结构创新方式诞生的铝蜂窝板，能够满足更轻、更强的使用需求。其他合金和化学树脂类材料也具有类似的发展趋势。《考工记》中对铸鼎、制剑等工艺的“金有六齐”的概括亦为此意。

2.1.2 材料选择

设计师在产品设计模型塑造中，首先要清晰了解和掌握材料的工艺特性、感官特性，材料及工艺对造型的限制；然后，根据产品部件对强度、密度、韧性、质感、色彩等的技术要求，灵活准确地选择加工材料及适用工艺。例如，尼龙、pom类材料具有较好的韧性和自润滑性，可作为活动部件，但它光滑不易切削打磨，不易着色，且硬度不是很好，所以不适合作为表面材料和结构部件；石膏、玻璃钢等化工材料，因易污染环境且不易降解，而不应再作为模型塑造材料，仅可在翻制模型时适当使用；而在产品材料分类中不经常被提到的棉麻、皮革等生物材料，会越来越多地被应用到产品设计当中。

产品模型塑造材料绝对不止上述这些，不要拘泥于现有材料，而要学会寻找美材，并对其做工艺重构和创新应用（图2.1）。

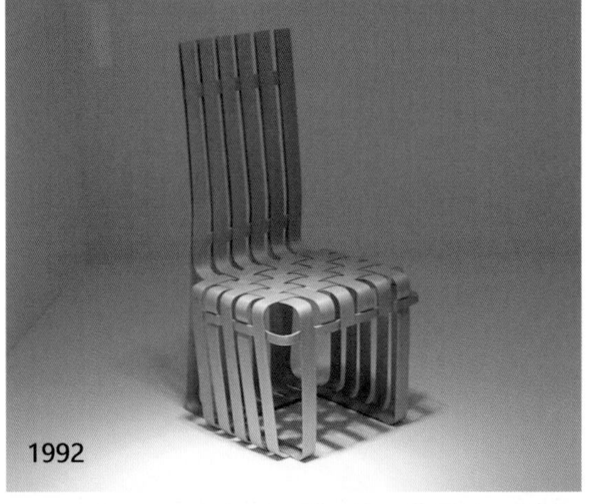

图2.1 弗兰克·盖里使用瓦楞纸板、细枫木条等材料整体编织构建的座椅模型，造型自然优美

图 2.2　这些案例出现在 2010 年太古里举办的“弗兰克 · 盖里：建筑师”展览中

因为艺术具有相通性，所以跨专业是比较重要的学习方式。建筑大师弗兰克 · 盖里曾说：“作为一名建筑师，我认为我最重要的技能是良好的‘手眼协调能力’，能够将草图转化成模型，然后在具体的建筑中付诸实践。”他在制作标志性建筑设计模型时，运用了纤维木板、纸板、石膏、木头等低成本、易加工的材料，甚至还创造了自发光模型（图 2.2）。

正如不同设计阶段适合用不同类型的模型来表现一样，不同课题的不同形态及体量也适合用不同的材料和工艺来表达。正确选择合适的模型材料工具及加工方式表达设计意图，会对设计产生重要的影响。

在设计过程中，要发挥各种材料的特点和优势，规避材料缺点。例如，不要用石膏去塑造模型；不要用泥做有数理规则的几何形态，哪怕是一个纯粹的平面或球体；不要用玻璃钢塑造形态小而复杂的产品，哪怕是一个头盔。

在多年的模型塑造课程中，我们发现了很多轻质、中低密度、易加工、低成本的材料，如超轻黏土、发泡树脂、密度板等。

能用于模型制作的材料非常多，但对于工业设计专业的师生来说，ABS 是使用范围最广的模型材料，其制作方法是本专业的必修课程。油泥材料因其优越的可塑性，越来越多地在“模型塑造”“交通机具”等课程的教学中使用。

在模型塑造课程中，要综合考虑模型功能需求、制作周期、造价成本等因素，合理选择不同类型的材料。下面具体介绍几类产品设计模型塑造课程的适用材料。

2.2 轻质、低密度材料的特性及工艺

产品设计师的灵感往往来自日常生活，除了通过文字、图画记录，随时随手使用易得的材料进行设计创作也是一种很有效的设计方法。诸如糖果纸、小卡片、冰与雪等，这些都可以成为我们设计的材料。

2.2.1 纸材

诸如纸张、卡纸板、塑料片、木纤维板等材料，比较适合采用手工折纸工艺将造型设计由 2D 向 3D 转换。很多产品设计的灵感来自折纸作品，纸立体设计课程中有很多启发式的设计方法（图 2.3）。

图 2.3 各种易得的纸板适合推敲产品壳体类模型

2.2.2 超轻黏土

诸如超轻黏土、水晶泥、泡泡胶等材料，主要是中小学生手工课程用材，比起我们小时候玩的泥巴要干净得多。其分量轻、质地软，且有很好的可塑性。用超轻黏土手工捏制或模制产品设计形态模型是一种比较便捷的方法（图 2.4）。

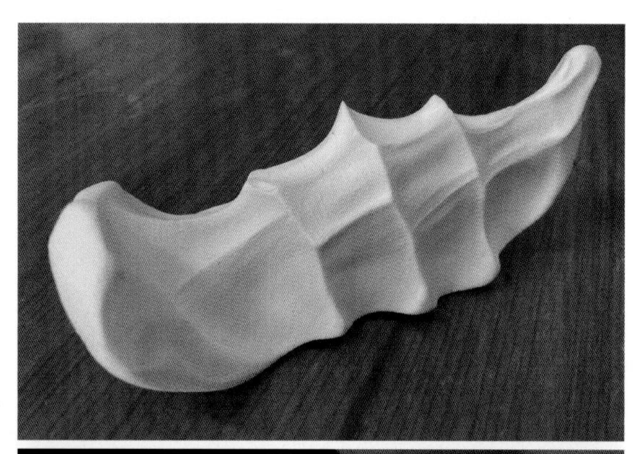

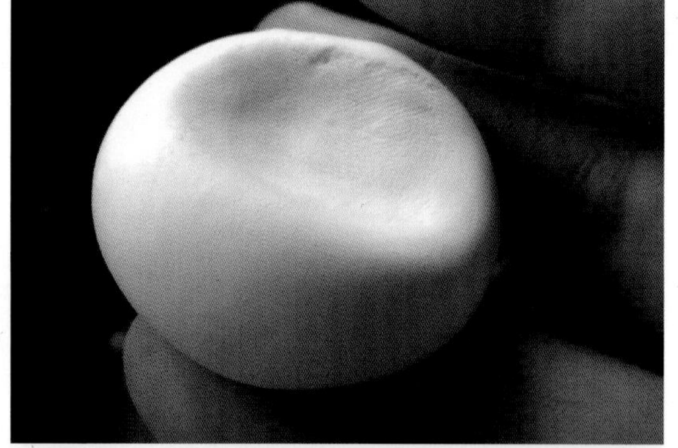

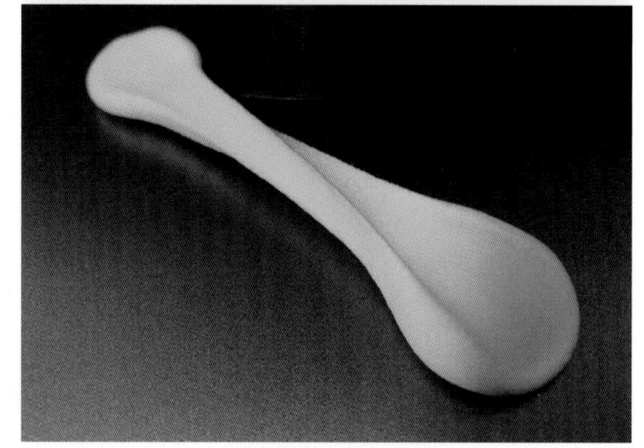

图 2.4 超轻黏土适合推敲产品实体类模型

2.2.3 发泡树脂板

发泡树脂板、挤塑板、代木的通常面积是600mmX1200mm，厚度有 30mm、50mm、100mm 等多种规格。这类材料可以作为块材进行手工锉削、打磨及 CNC 等加工，它们的加工方式、加工方法和加工精度几乎相同，不同的是材料密度、硬度和价格。例如，发泡树脂的硬度适中、易于加工，可制作得比较精细，比其他材料更有优势（图 2.5）；而挤塑板密度低，在削制时要求使用锋利刀片慢切、浅切，否则走不动刀，且会使其表面粗糙（图 2.6）；代木的密度较高，适合手工制作精度要求较高的样机，也适合 CNC 加工（图 2.7）。

图 2.5　发泡树脂板适合产品设计形态类模型塑造

图 2.7　代木适合产品设计实体类模型塑造

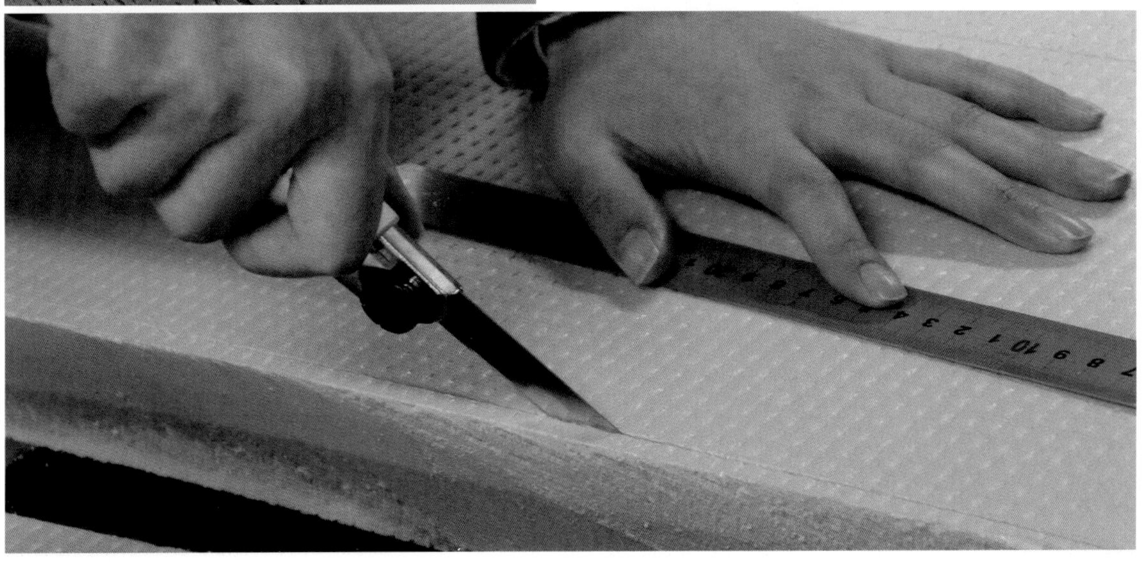

图 2.6　挤塑板是设计制作产品实体类模型最常用的材料

2.3 天然竹木、密度板的特性及工艺

2.3.1 天然竹木

《考工记》记载，桑柘材质坚韧，可为良弓；竹本为最次弓材，但用多层复合的方法也可为良弓。这表达了选择优良材料，以及材性可用工艺优化的观点，对当今复合材料科学的发展具有启发性作用（图 2.8）。

《考工记》中的“凡相干，欲赤黑而阳声，赤黑则乡心，阳声则远根。”是弓人制弓对优等干材选择标准的明确阐述，表明了对同一材料质量的选择十分考究，这其中还蕴含着古人对材料力学与美学的追求（图 2.9）。

图 2.8 充分发挥竹子特性的实践案例与产品设计模型

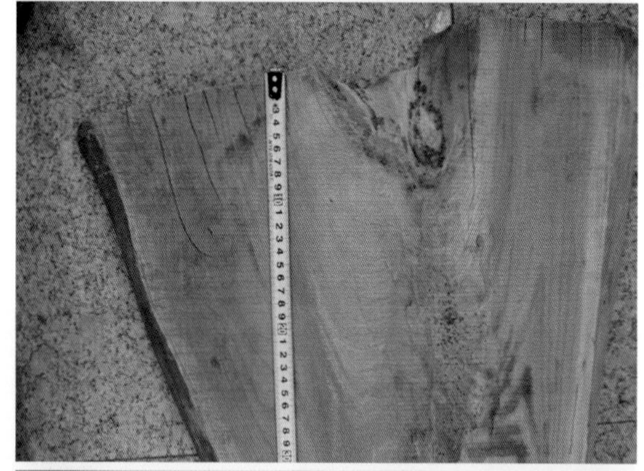

图 2.9 天然木材的种类繁多、特征各异、应用广泛

2.3.2 密度板

密度板是由天然木材的粉末加胶后经过高温压制而成的均质材料，具有极好的可切削特性。因此，模型塑造课程中压型或吸塑的原型模具多使用密度板进行塑造，其标准面积是 1220mmX2440mm，厚度有 10mm、15mm、18mm、20mm、25mm、30mm 等多种规格。对于体量较大的形体，可以根据模型的尺度，将板材拼叠粘接成更厚的实体。在厚度略有余量、最少粘接的原则下，选择适合厚度的密度板规格，可以避免不必要的材料浪费和工作量增加(图 2.10～图 2.13)。

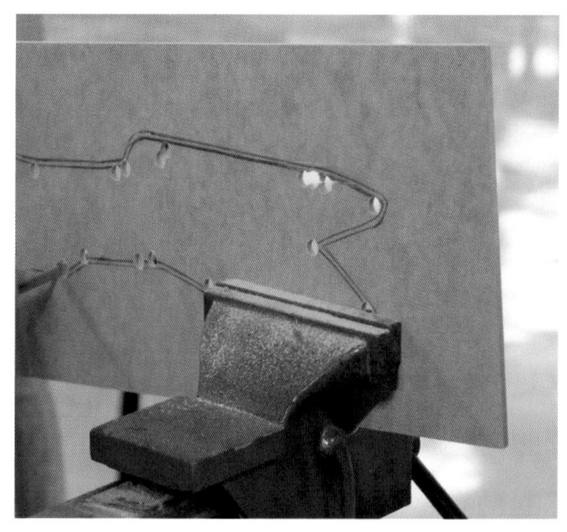

图 2.10　使用 8mm 厚的密度板，手工修整 ABS 压型套模

图 2.11　手工塑造的密度板形态模型，可用作吸塑模具

图 2.12　使用 20mm 厚的密度板，使用 CNC 加工的 ABS 压型模具

图 2.13　密度板的平整度很好，可根据模型尺度需求进行厚度方向的粘接叠加

2.4 ABS 等工程塑料的特性及工艺

2.4.1 ABS

1. ABS 特性

ABS 是指丙烯腈、丁二烯、苯乙烯共聚物，是一种热塑性材料。它本质上是一种奶黄色、略有透光性、光泽度高、容易着色的漂亮材料，是设计师最常用的模型材料(图 2.14)。

2. ABS 工艺

使用 ABS 颗粒可注塑出产品壳体。使用烤箱或吸塑机可将 ABS 板冲压、挤压、吸塑成模型壳体。热塑成型后的壳体有较强的形态记忆性，对壳体部件还需进行裁切、修整、打磨、拼接等工序。三氯甲烷可溶 ABS，是其主要粘接剂。ABS 的切削性良好，加工精度高。对模型表面进行处理后，其效果可与真实产品媲美(图 2.15)。

3. ABS 规格

ABS 板材、管材、棒材是制作各类模型和样机的较佳材料，模型塑造使用最多的是 ABS 板，其面积多在 1000mmX2000mm 左右，厚度有 0.3～100mm 多种规格，手工拼接塑造模型常用的 ABS 厚度有 0.8mm、1.6mm、3mm、6mm 等规格。压型吸塑的 ABS 板厚度与壳体面积和强度需求有关，产品设计模型塑造课程多使用 2～3mm 的板材。

CNC 首板加工多使用厚度在 10mm 以上的 ABS 板材，30mm、50mm 厚的板材使用最多，也可根据需求定制规格(图 2.16)。

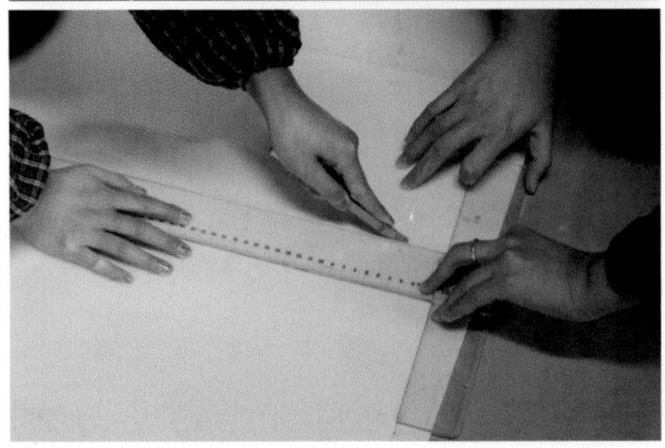

图 2.14 适合手工裁切、拼接、压型、吸塑的 ABS 薄板

图 2.15 手工塑造的 ABS 板壳体模型效果

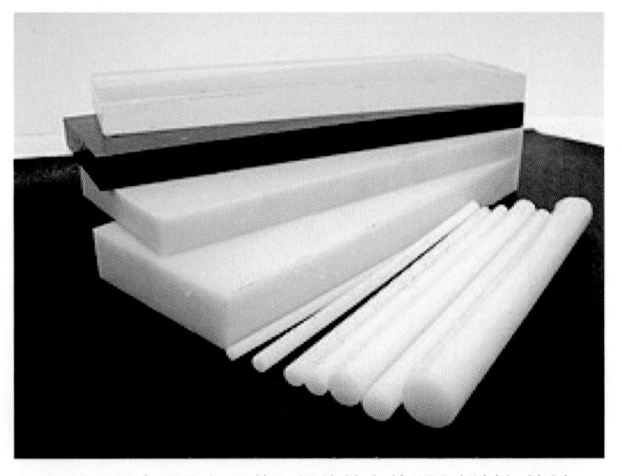

图 2.16 适合 CNC 加工的、规格繁多的 ABS 板材与棒料

2.4.2　其他工程塑料

设计师可根据物理特性的需求对工程塑料材质成分的比例进行调整，生成 POM、PMMA、PVC、PA、PC、PE 等多种材料。它们的强度、透明度、韧性和卫生级别等各有不同，但加工工艺大同小异，是制备民生器具最常使用的材料。设计模型为了达到检验产品设计指标、改善设计效果的目的，经常会用到上述工程塑料（图 2.17、图 2.18）。

图 2.17　具有自润滑特性的尼龙材料

图 2.18　使用透明 PMMA 板材，加热后手工塑造的“埃西幻影桌”｜作者：John Brauer

2.5 油泥等可塑性材料的特性及工艺

塑造产品形态模型时，使用柔软可塑的材料是比较便捷的选择。根据模型的形态类型、尺度大小、精度要求、工作条件等不同情况，可选择使用橡皮泥、雕塑泥、油泥等。

2.5.1 雕塑泥

雕塑泥质地柔软，更易塑型，是靠湿度调节软硬的水性材料。储存与工作间隙需要使用塑料薄膜包裹覆盖以防止水分散失，塑形后不宜长久保存，需要及时翻铸模具，再浇铸耐久材料保存；否则，模型容易干裂损坏（图 2.19）。

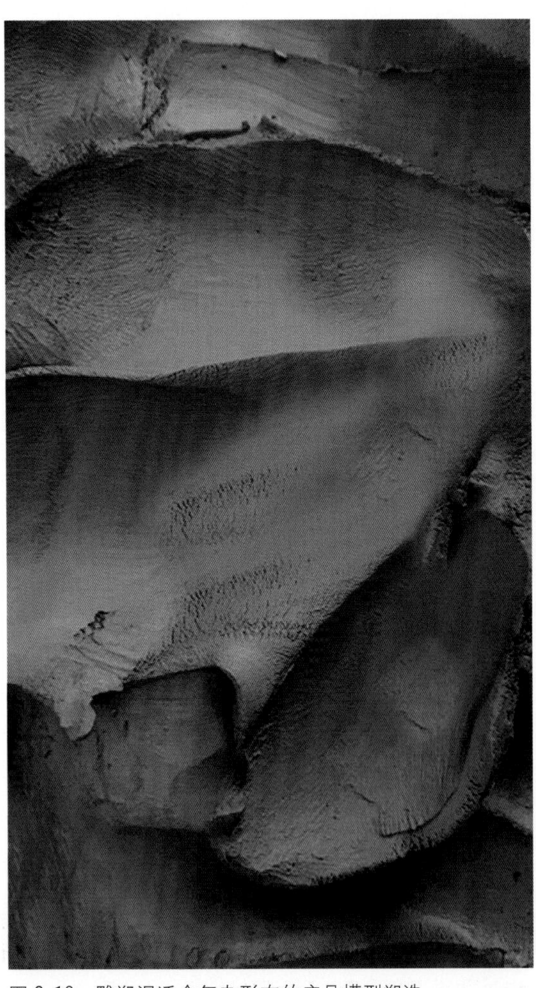

图 2.19 雕塑泥适合复杂形态的产品模型塑造

2.5.2 手工油泥

手工油泥在常温下即可捏塑，比较方便使用，适合用于产品形态类模型的推敲，而且材质细腻，可以塑造或翻制较小的细节形态。但温度变高时，油泥会变得更软、更黏，不宜移动，不易保存，故经常循环使用（图 2.20）。

图 2.20 手工油泥比较适合塑造手办人物模型

2.5.3　轻质无硫工业油泥

工业油泥是塑造产品设计模型的首选材料，特别适用于制作实尺或缩比的汽车模型及产品形态模型。

工业油泥是黏土干粉或滑石粉、滑脂（黄油）、石蜡 3 种材料的混合物，成分比例大致是 6∶3∶1。滑脂和石蜡的比例应根据季节和气候酌情增减。油泥受温度的影响会有很大的性状变化，油泥按软化温度、常温下硬度及有无气味分为 J-525、NS60A、ALFA 等不同型号，应按不同需要选择，最好选用无硫油泥（图 2.21）。这类油泥在常温下性状比较稳定，有一定的硬度，可塑性、切削性极好（图 2.22）。

同样是无硫油泥，因其品牌、填料、配比的不同也会呈现出不同的色彩与质感（图 2.23）。将油泥恒温加热至 60℃左右，使其变为柔软易塑的材料，最适合进行形态的初步推敲，可运用刮、塑、雕等手法塑造形体的变化。油泥模型形态塑造完成后，可以通过覆膜来表现材料真实的质感与色彩，实现精致的模型效果。

常温下使用过的油泥可回收再利用，若将油泥加热至 100℃以上，它会融化成咖啡状的液体，其主要成分会分离导致性状变化，影响正常使用。油泥模型制作的工作环境要保持在 26℃以下的适宜温度，避免阳光直射，以保证油泥形态的稳定。油泥为易燃品，在使用和存放时应注意防火安全。

图 2.21　适合工业产品模型塑造的某品牌轻质无硫油泥

图 2.22　常温下使用油泥刮刀塑造时产生的油泥削

图 2.23　常见的金、银、褐色质感的轻质无硫工业油泥，分别适合制作不同类型和质感的产品模型

2.6 硅胶、树脂、石膏等翻制材料的特性及工艺

在工业设计产品模型制作的过程中，为达到更好的模型效果，可通过简易模具翻制硅胶、树脂、金属等材料的模型，需要使用石膏等具有翻铸特性的材料。这些材料可以在模具与模型之间相互转换，如硅胶既可作为模型材料，又可作为模具材料；而树脂更适合作为模型材料，石膏更适合作为模具材料。各种翻制材料在使用时都会涉及混合比例、混合时间、搅拌除泡等问题，最直接简便的方法是查阅具体使用说明。

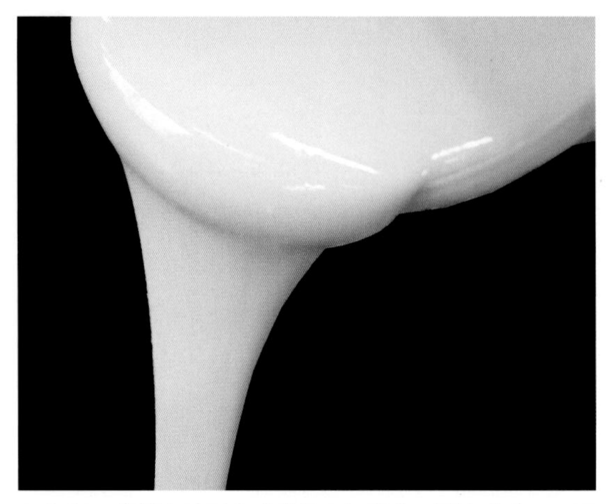

图 2.24 翻制产品形态或模具会经常使用到中黏度、可调色、不透明的模具硅胶

2.6.1 硅胶

硅胶是一种化工材料，主要成分是二氧化硅，按其成型温度、色度、纯度、硬度、透光度等可进行多种分类，功能各异。因具有性质稳定、无毒无味、柔软亲肤、绝缘阻燃等优异的材质特点，硅胶在日用产品中应用越来越广泛。各种色彩、质感、韧性、硬度的交叉排列组合，使硅胶材料表现出良好的发展态势。模型塑造课程中主要使用低温两组分固化的硅胶，原料有乳白不透明、无色透明两大类（图 2.24）。

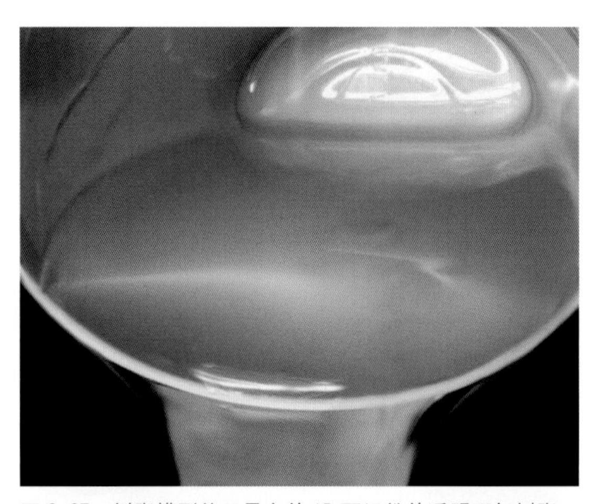

图 2.25 树脂模型使用最多的 AB 两组份的透明环氧树脂

2.6.2 树脂

树脂因其具体成分的不同，有很多类别，其中模型用 AB 树脂，是两组份等比混合固化成型的化工材料，有水样透明、乳黄不透明等几种（图 2.25）。一般可通过加入油性颜料调配出设计需求的漂亮材质，也可通过硅胶模具或石膏模具，翻制出复杂精美的树脂模型配件，成型后的树脂材料与 ABS、亚克力的物理特性几乎相同，并有着几乎一致的加工工艺（图 2.26）。

图 2.26 使用调树脂生动表现深渊效果的“咖啡桌” | 作者：Christopher Duffy

2.6.3　石膏

石膏是比较传统、经济的模型材料，其塑造功能虽已被其他材料逐渐取代，但吸水、耐高温、形态稳定等特性，仍使其成为翻制各类模型模具不可替代的材料。石膏分为生石膏和熟石膏，均为干粉状（图 2.27）。石膏粉溶于水即可调成石膏浆，石膏浆会在几分钟内固化。可通过原型用石膏浆浇铸模具，也可在固化后使用工具进行雕刻塑型。石膏具有成型容易、翻制工艺简单、价格低廉等优点，是硬质模具。一般有合理开模线和脱模角度的可重复使用的多开模具，如陶瓷注浆模具，也有用于复杂形态的失蜡浇铸金属模型的一次性模具（图 2.28）。

2.6.4　脱模剂

在翻制模型或模具时，需要将模具与模型通过涂层隔离，这时会使用与模型、模具的材料没有化学和物理反应的材料，以保证它们之间不会粘连。手工翻制模型时，需要用软布蘸脱模剂，将其均匀涂抹在模具或模型表面。可根据翻制材料不同的特性使用不同的脱模剂，主要有洗涤剂、凡士林、液体油脂、固体滑脂、液态蜡、固体蜡、聚乙烯醇溶液等（图 2.29、图 2.30）。

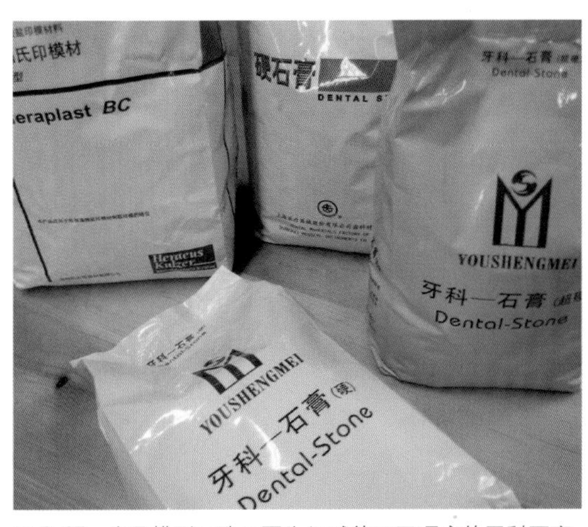

图 2.27　产品模型可选用更为细腻的不同硬度的牙科石膏

图 2.29　洗涤剂是很好的适用于石膏翻制的水溶性脱模剂

图 2.28　产品部件的石膏模具，已涂抹作为脱模剂的凡士林

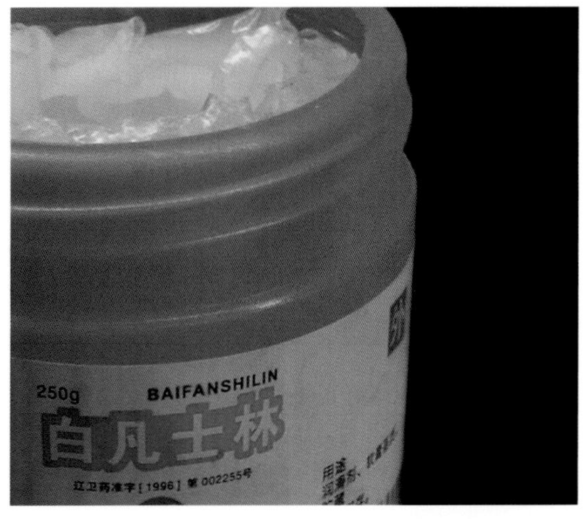

图 2.30　凡士林是硅胶、树脂、石膏通用的脱模剂

2.7 铝合金等金属材料的特性及工艺

传统手工艺将金属材料细分为金、银、铜、铁、锡五金。而近代工业产品仿真模型的外观部件和有功能结构强度需求的部件经常会用到铝合金、铜合金、不锈钢等金属材料。

2.7.1 铝合金

铝合金因材质类别丰富及其专属特性，成为用途最广、用量最大的金属材料，通过电镀和阳极化等表面处理工艺，能做出各种色泽效果，包括金、银等贵金属的质感（图 2.31、图 2.32）。

图 2.31 铝合金棒材数控车削加工、阳极氧化的戴森梳柄

图 2.32 铝合金 CNC 加工的双臂外骨骼框架造型 | 作者：焦宏伟

2.7.2　铜及其他金属

铜是一种色彩极为丰富的有色金属，具有较强的装饰性，按色泽来细分类别，主要有纯铜（紫铜）、铜合金（黄铜、红铜、白铜、青铜）等。它们在外观颜色、成分、强度、密度、导电率、耐蚀性、切割性等方面都存在较大的区别，用途也不同(图2.33、图2.34)。

铅、锡、锌等材料的熔点和硬度均较低，具有很好的延展性，比较适合浇铸和压铸低成本模型。

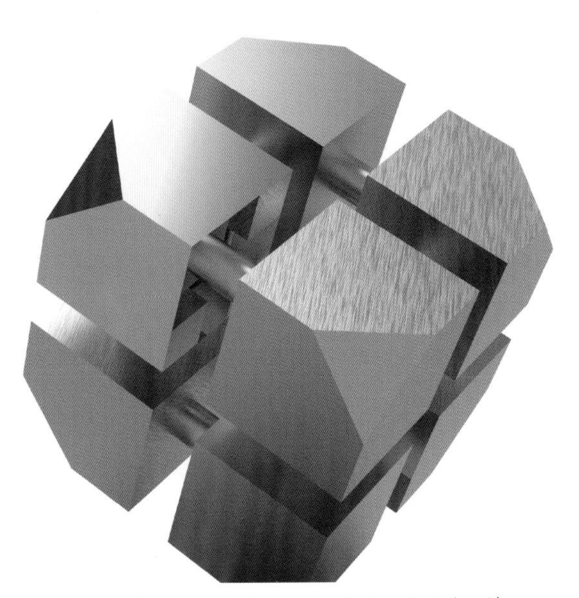

图 2.33　纯铜与黄铜构成的拉丝、喷砂、镜面处理效果

图 2.34　使用黄铜车削加工的转笔刀，侧面使用滚花工艺

2.7.3　金属的特性及工艺

金属有板材、管材、块料、棒料、粉末等多种性状，规格尺寸也多种多样。模型加工用料一般都不会太大，可按需量尺。加工方式多种多样，既有车、钳、铣、刨、削等传统机加工方式，又有冲压、折弯、裁切、旋压、挤压、锻打、铸造等现代机加工方式，还有CNC、3DP（快速成型技术）等先进成型方式。应学会根据产品模型设计需求，选择适用的金属和工艺(图 2.35、图 2.36)。

图 2.35　网板冲剪机加工的金属网板

图 2.36　浇铸铝与实木结合的座椅 | 作者：Hilla Shamia

本章思考题

(1) 举例说明选用模型材料的原则有哪些?

(2) 举例说明某一种模型材料的特性及适用工艺。

(3) 结合“材美工巧”谈一谈某种模型材料的观感与触感。

(4) 在储存和使用模型材料时需要注意的安全事项有哪些?

第 3 章 产品设计模型塑造工具

本章要点

■ 模型塑造手动工具及用法。
■ 模型塑造电动工具及用法。
■ 模型塑造工具安全操作规范与防护用具。
■ 模型塑造工作习惯与工作环境。

本章引言

“工欲善其事，必先利其器”，工具的选择对应的是材料与工艺，在产品设计模型塑造课程中，从众多五金工具门类中正确选用模型塑造课程的适用工具十分重要。在制作样机模型课题中，可以选择适当的加工方式，正确使用小型电动设备、CNC 加工设备、3D 打印机来辅助模型塑造，以提高模型设计与制作的加工精度和效率，使塑造模型变得操作更易、表达更快、效果更好。

3.1 模型塑造手动工具及用法

曾经有个“制作石膏球体”的专业模型训练课题，要求是手工制作球径70mm的石膏球，方法是在石膏粉中加入适量水调成糊状，在石膏凝固前将其团成一个尽量圆的球体，类似于打雪仗时手团的雪球，然后找一个杯口直径略小于球径的玻璃杯，在杯口滚动刮削固化后的石膏体，很快就可以得到既光滑又圆的石膏球。这一实践告诉我们很多东西都可以成为工具。

制作不同类别的模型，所用工具的种类和规格也不尽相同，通常会依据所用材料特性与加工工艺来直接选备工具，如专业的油泥刮刀。有时要向能工巧匠学习，根据需要改造工具、设计制作得心应手的工具，如汽车油泥模型师多数会根据不同车型与比例，特制一些刮板，甚至创新设计油泥刮刀。有时也要灵活巧妙地使用工具，如圆规除了画圆，还可以平分线段；而一根线和一个大头钉再加上一支笔，又可以制成一个特殊的圆规；一根极细的钢丝可以轻易地切断油泥棒；使用瓶盖、胶带卷都可以画出圆形，剪刀的单刃可以作为手工扩孔工具。能够利用一切可以利用的材料，使用一切可以使用的工具，手工快速制作产品设计模型，是产品设计师的必备素质。

在模型塑造课程实践中，会用到各种手动工具。笔者在此精选一些通用的基础工具，并按使用功能作以简单分类，主要有测绘工具、造型工具、油泥工具、粘接工具、喷涂工具、日常工具几大类。

3.1.1 测绘工具

所谓“线是师傅”，是指在模型材料上画出精准的线形。依线形加工是模型质量的重要保证。绘制线形需要使用的测绘工具主要有直尺、卡尺、圆规、卡规、角度尺、直角尺、水平尺、划针、划线盘、自动铅笔等。测量工具的材料、规格、精度各不相同，可根据模型的大小和精度要求来选用工具。也就是说，可采用“悬绳校垂直”“水静则平”的传统测绘方法，也可使用激光水准仪等先进的测绘工具。应尽量选择精度和质量高的度量工具，可用精度更高一级的工具进行校对。

1. 钢板直尺

模型塑造的多种操作都会磨损工具进而造成其精度降低和使用不便，尺也不例外，更耐磨损的不锈钢直尺是一种比较好的选择。钢直尺是一种最基本的测绘工具，可以在平面上测量工件的尺寸及绘制直线图形，辅助内外卡规等工具，可测得模型空间立体尺寸。钢板直尺有150mm、300mm、500mm、1000mm等规格。尺面上的尺寸刻线间距一般为1mm，但在1～50mm内刻线间距为0.5mm，是钢直尺的最小刻度。钢直尺测量出的数值误差比较大，0.5mm以下的小数值只能靠估计得出，因此不能用于精确的测定(图3.1)。

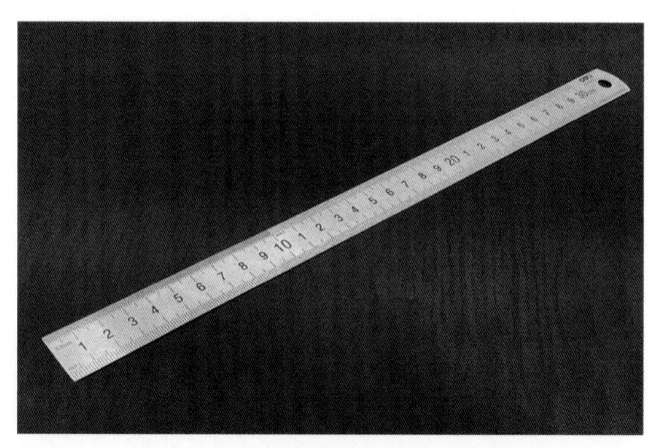

图3.1 长度为300mm的钢板尺是最常见的基础测绘工具

2. 游标卡尺

游标卡尺是一种精度较高的尺寸测量工具，简称卡尺，有分级刻度、表盘刻度、电子数字显示等款式。对模型形态进行加工塑造时，通常会使用精度为 0.02mm 的游标卡尺进行关键尺寸的测量和校验。尺寸测量有更高精度要求时，可使用精度为 0.001mm 的千分尺。这类工具可以方便准确的量出模型工件的长度、宽度、外径、内径、孔距等（图 3.2）。

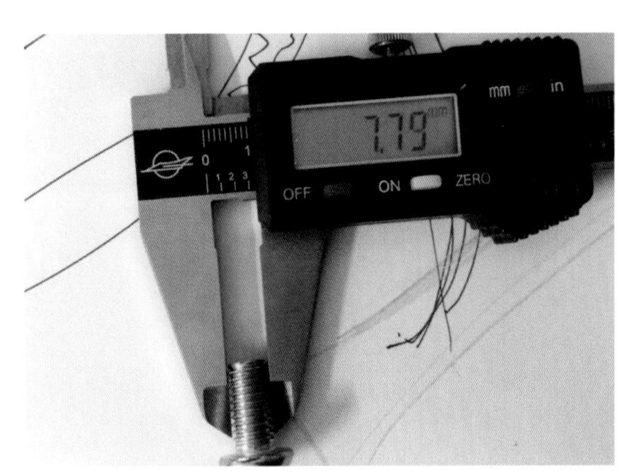

图 3.2　读数更为便捷和准确的电子游标卡尺，精度为 0.01mm

3. 直角座尺

直角座尺是一种在模型上绘制直角、垂线的直角尺。它是用来画垂直或平行线的导向工具，具有基础的测量功能，方便检测模型坐标系中基于加工基准面的垂直、对称等形态关系。座尺分为一体固定、分体可调两种：一体固定的座尺具有精度更高、专业性更强的特点；分体可调的座尺具有功能更多、操作灵活的特点（图 3.3）。

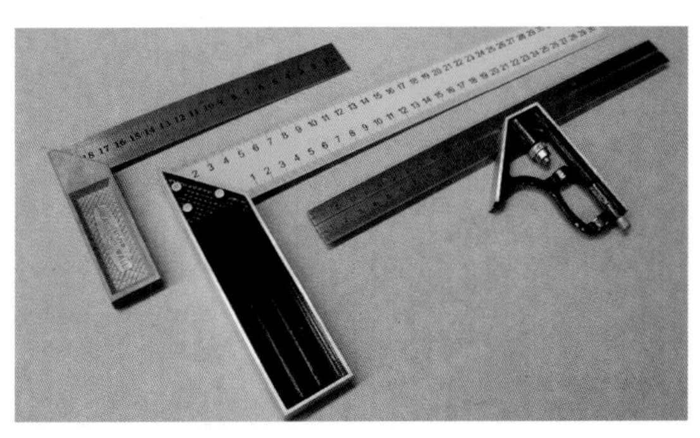

图 3.3　不同形式与规格的直角座尺，使用方法基本相同

4. 高度划线台

高度划线台是在模型上绘制等高线和关键点的专业划线工具，由划针、立杆、底座组成，立杆有自带刻度尺和无刻度尺两种。它需要在操作平台上对坐标基准已经固定的模型使用，以确保划针在平台的各个位置的设定高度相同，还可用来校正模型在平台上的垂直位置、对称关系等特征点。所以，应根据模型的加工尺度和精度合理选择相符的测绘工具（图 3.4）。

图 3.4　有刻度与无刻度的高度划线台，用法基本相同

5. 金属针束尺

金属针束尺是一种在模型立体表面提取轮廓形状的仿形尺，也可用于检验形态对称性等形态质量（图 3.5）。

图 3.5　方便仿形的金属针束尺

3.1.2 造型工具

造型工具主要包括刀、锯、锉、磨、刻、钳等几类用于切削打磨的工具，是模型塑造中必备的也是用途最广的工具，是从传统钳工及木工工具中优选出的工具。造型工具有多种规格，具体功能各有不同。“工欲善其事，必先利其器”，在课程中正确选用工具能够起到事半功倍的效果，熟练掌握这些造型工具的使用技巧更为重要。

1. 刀

刀是裁切类工具，是我们既熟悉又陌生的工具。刀在产品设计模型塑造课程中主要用于裁切 ABS 等板材，分为裁纸刀和钩刀两种。裁纸刀片可分节掰断，以保持锋利的刀尖。用裁纸刀在 ABS 板上划出浅痕，即可将 ABS 板沿痕迹掰开，实现裁切的目的，比用钩刀和锯裁切更为省时、省力(图 3.6、图 3.7)。

图 3.6　刀片通用、刀柄各异的裁纸刀，主要用于板材裁切

图 3.7　可调半径的裁圆刀，主要用于圆弧形的刻画与裁切

2. 锯

锯是切割类工具，是手动切割木材、金属最常用的工具。模型塑造使用最多的是手工锯，分为木工锯和钳工锯两大类，应根据模型的材料和工艺，以及使用者的习惯合理选择手工锯。

木工锯主要用于切割密度板、木材、发泡树脂板等非金属、低密度的材料。其种类、型号多种多样，既有适合切直线的宽板锯，又有适合拉曲线的细窄锯（拉花锯、曲线锯），可根据齿形疏密、粗细、前后等分为不同的类别(图 3.8～图 3.10)。

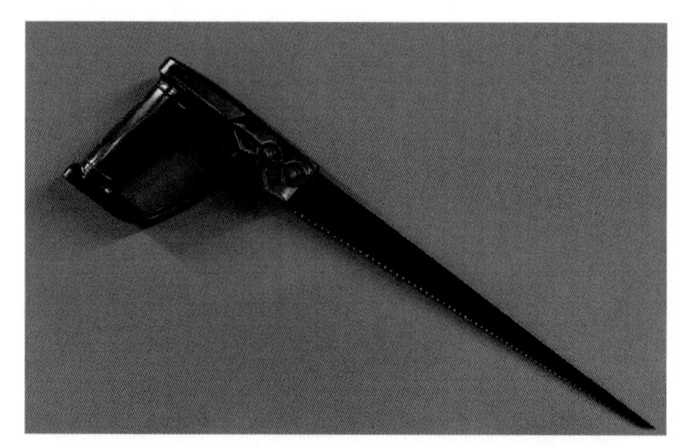

图 3.8　把手安全舒适、锯齿锋利、切割灵活的木工锯

图 3.9　板锯适合锯口要求平直的大块物料的切割

图 3.10　小型线锯适合轻薄物料的曲线切割

钳工锯（钢锯）的种类偏少，但锯条的锯齿有大小之分，主要是通过高强度的细密锯齿切割金属材料（图 3.11）。锯条的材质多为碳钢、高速钢和硬质合金等，废旧锯条可经过砂轮打磨成为适用的刮削雕刻工具，锯条的背刃双面都可用来刮削油泥模型，也可用来进行细部雕刻。

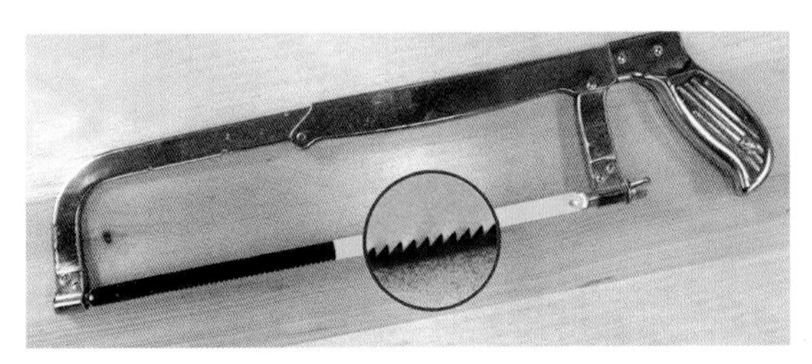

图 3.11 传统钢锯及锯齿正确的安装方向示意，主要用于金属材料的精细切割

3. 锉

锉是用来锉削模型材料的手动工具，用于修整模型的线面及形体。锉主要分为锉削金属的钳工锉（图 3.12）、磨削玻璃玉石的金刚砂锉、锉削非金属的木工锉等种类。按其截面形状可分为矩形（平锉）、半圆、三角、圆型、异型等小类别，又可根据锉齿粗细、锉体大小分为大、中、小等型号。产品设计模型塑造课程中最常用的是平锉和半圆锉（图 3.13），应根据模型的材料、尺寸、精度等要求合理选择锉刀的种类（图 3.14）。通常先使用大号粗锉，采用交叉锉法进行模型形体的粗加工，再逐级变为使用小细锉进行模型表面和细节的精加工（图 3.15）。

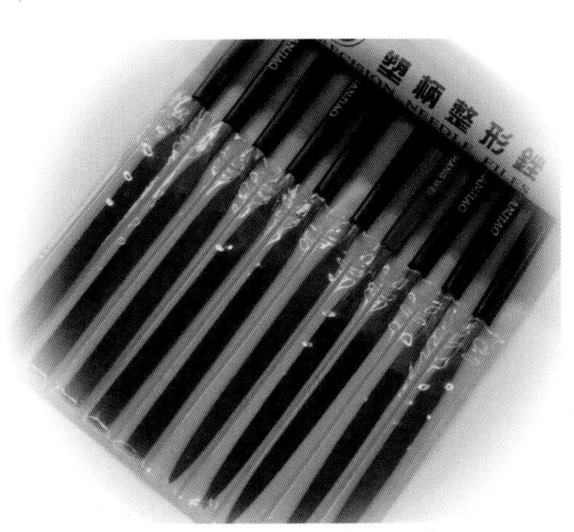

图 3.12 精细修整 ABS、金属模型最常用的钳工组锉

图 3.13 各种类型的锉刀中最常用的是半圆锉，锉刀的平面适合锉削外凸面，锉刀的弧面适合锉削内凹面

图 3.14 锉的种类繁多，排锯锉塑造木型的加工效率更高

图 3.15 交叉锉法是使塑造形态平顺的基本方法

4. 磨

磨主要是指手工砂布、砂纸等工具，有塑形和打磨两大功用。单张规格多为 A4 纸大小，为方便操作，使用前应根据打磨区域的大小将砂布裁切成总面积 1/10～1/4 的小块。

砂布与砂纸都有粗细之分，是按其单位面积内沙粒的数量制定目数，目数少的为粗，反之为细。泡沫板、密度板模型在锉削完大的体态后，会经常使用目数为 60、120、240 的砂布和柔基砂纸板进一步完成形态塑造(图3.16、图3.17)。

模型表面按设计需求由粗至细逐级打磨抛光，模型通常会使用目数为 600、800、1200、2000、7000 的砂纸。砂纸有普通和耐水两种，蘸水打磨时，水会及时将磨下来的粉末带出，具有打磨效果均匀、效率高、无粉尘、省工具等优点，因此建议对不怕水的模型都使用耐水砂纸打磨(图 3.18)。

图 3.16 砂布带可装载在砂布架上手动或砂布机上电动使用

图 3.18 适用于防水模型表面打磨及抛光的耐水砂纸

图 3.17 可根据模型材料与塑造精度选用不同粗糙度的海绵砂板、泡沫砂板等磨具

5. 刻

刻是指凿子、刨子、木刻刀等传统木工雕刻工具，在进行实木或密度板模型的形态塑造时会有一些妙用。例如，刨子适合模型平直线面的加工，形态的内凹面和窄小区域、模型表面艺术化的肌理比较适合使用凿子和木刻刀进行雕刻（图 3.19）。

图 3.19　用于模型修边刻线的多种灵巧工具

6. 钳

钳具是用于夹持模型的工具，主要有平口钳、尖嘴钳、大力钳及直角钳等。多用于掰开和夹住较厚的 ABS 板及固定模型工件，能够加大手工捏握的力度（图 3.20、图 3.21）。

台虎钳是固定在操作台上的，用来夹持模型工件，提高加工的稳定性和效率的钳具。其规格由钳口的宽度表示，有 50mm、100mm、150mm 等规格。台虎钳有固定式和回转式两种。材料偏软的模型在使用钳具夹持时要夹有余料的地方，或垫更软的材料以保护模型（图 3.22）。

图 3.20　用途最为广泛的平口钳，是钳具类的首选工具

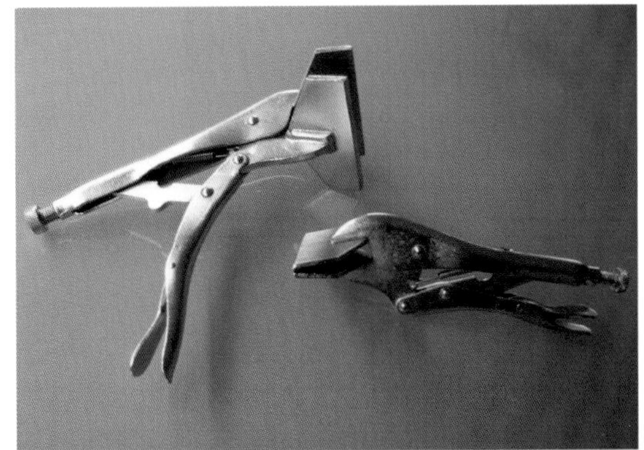

图 3.21　大力钳与直角钳等夹具可根据加工需求选备

图 3.22　台虎钳是锯切与锉削模型时必备的夹具

3.1.3 油泥工具

工业油泥模型塑造，由于材质的特性形成了独特的加工方式并产生了专属性较强的油泥刀具和辅助工具。油泥刀具主要分为油泥锉刀、油泥刮刀、油泥刮板三大类。

1. 油泥锉刀

油泥锉刀的类型规格比较单一，主要用来锉削体量比较大的油泥模型、塑造模型的大型态和进行粗加工，在油泥模型课程中较少用到。

2. 油泥刮刀

油泥刮刀是油泥模型塑造的主要工具，其样式和规格较多，主要有直角刮刀、三角刮刀、双刃刮刀、精细单刃刮刀、双头凹面削制刮刀等。各种刀具因其不同的形状和材质，分别用于油泥模型不同阶段、不同精度要求、不同形态的刮削，操作时应充分掌握刀具特点，恰当选择，灵活使用(图 3.23～图 3.26)。

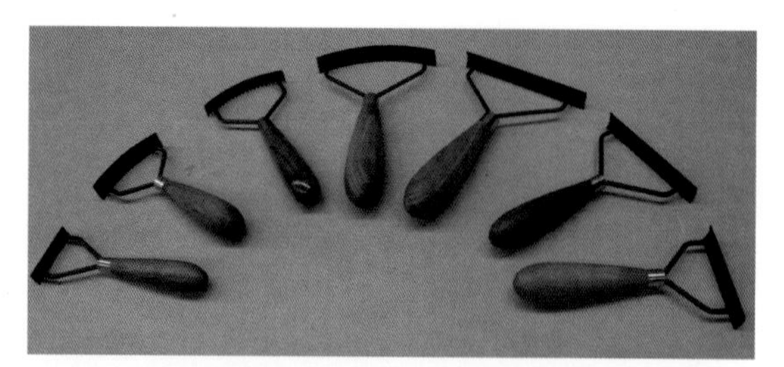

图 3.23 弧形双刃刮刀，适合塑造形态的外凸面

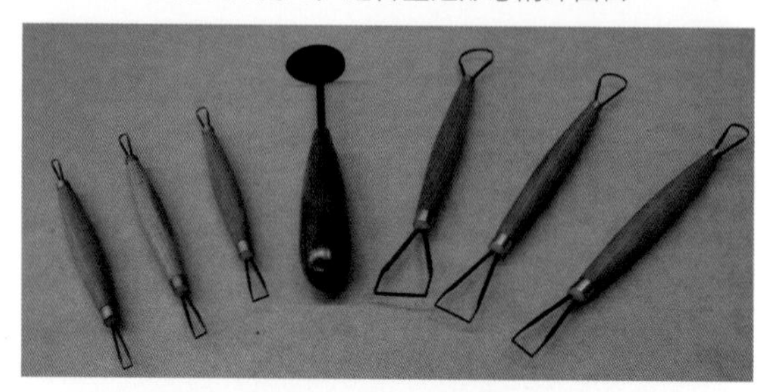

图 3.24 椭圆形及环形刮刀，适合雕刻形态的内凹面与细节

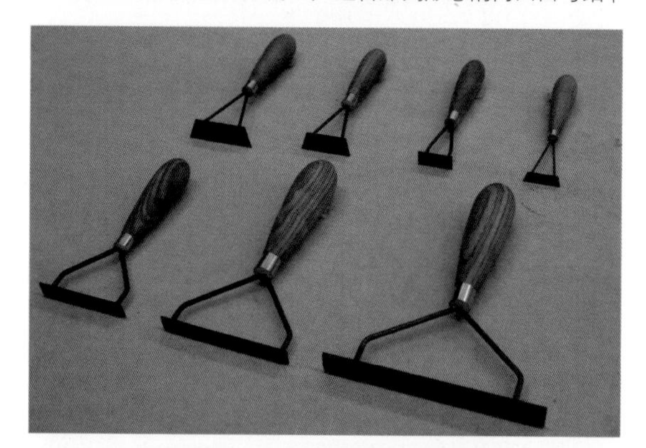

图 3.25 直刃刮刀，适合刮削形态的平直线面

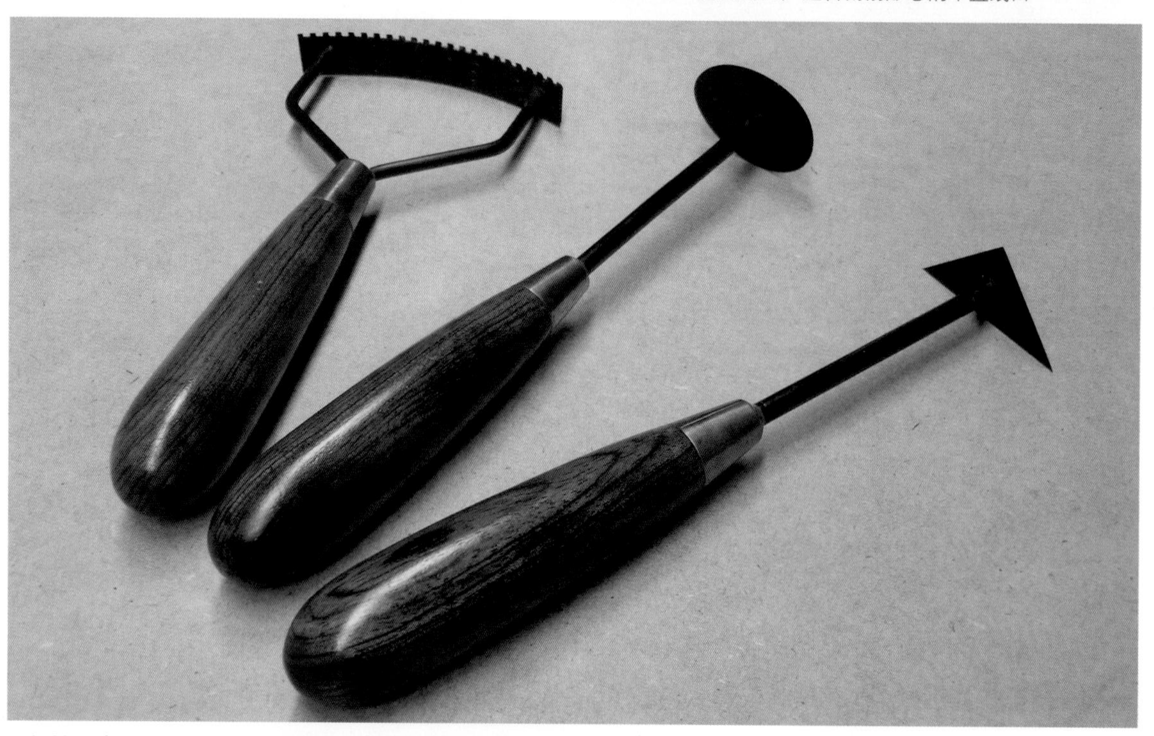

图3.26 弧形双刃刮刀、椭圆形刮刀、直刃三角刮刀是油泥刮刀中最为常用的3种基本款式

3. 油泥刮板

油泥刮板分为钢制刮板和橡胶刮板两类，钢制刮板可以增加油泥表面的光滑度，有直线、弧形、锐角等多种形状（图 3.27）。油泥模型成型后，在表面覆膜时会使用橡胶刮板。

图 3.27　常用钢制刮板的基础形式，适用于绝大多数形态

4. 油泥辅助工具

油泥辅助工具的耗材有胶带、面膜、清洁剂等。油泥胶带用于在油泥模型上辅助刻画线形；油泥模型表面常用的覆膜有银灰、黑白、红蓝等颜色，可模拟表达设计模型的色彩和质感；清洁剂用来清洁油泥模型，清洁后更易敷上新的油泥；氧化铝清污剂方便去除粘在手上的工业油泥和油土等普通皂类不易清洁的污垢。

5. 油泥模型平台

油泥模型平台分两种：第一种平台是圆形的台面，台面底部固定有一条直立的螺丝杠，与底座上的螺母相连，使台面既能升降又可旋转，非常灵活方便，适合较小的油泥模型；第二种平台是方形台面，台面上刻有标准的坐标格线，因此要求有较高的平整度，常用铸铁或厚钢板制成。模型台还可以安装可移动、带有滑块和指针的龙门式支架，或配合使用高度划线台，用以确定三维模型上的任意点位（图 3.28）。

图 3.28　根据常用模型比例自制的，适合制作 1 ： 5 汽车油泥模型的方形油泥模型平台

3.1.4 粘接工具

粘接是指用胶粘剂把不同或相同材料粘接为一体的操作。

古人制胶是将动物的皮、角、膘等熬成黏性物质，有文献记载："……其东海石首鱼，浙中以造白鲞者，取其脬为胶，坚固过于金铁。"现代胶粘剂多采用化工原料，品牌型号繁多，各有用途，但质量良莠不齐。因此，在选用工具与耗材时要按需而定，仔细甄别。

模型塑造课程经常会使用502胶水、三氯甲烷、环氧树脂胶、双面胶、热熔胶等。

1．502胶水

502胶水是液态无色透明瞬间粘接剂，接触空气便会迅速聚合固化，属于单组份瞬间固化的粘合剂。其具有粘接精度高、使用方便的优点，是最常用的胶粘剂。在502胶水瓶口部位镶嵌5ml注射器的针头，可大大提高滴胶的精准度，从而提高模型质量和制作效率（图3.29、图3.30）。502胶水的缺点是韧性不好、强度低，需避光密闭保存；在粘接过程中会产生热量，使用量过大时会灼伤工件表面；如不小心迸溅进眼睛或皮肤，也会造成一定的灼伤，应尽快用冷水冲洗。

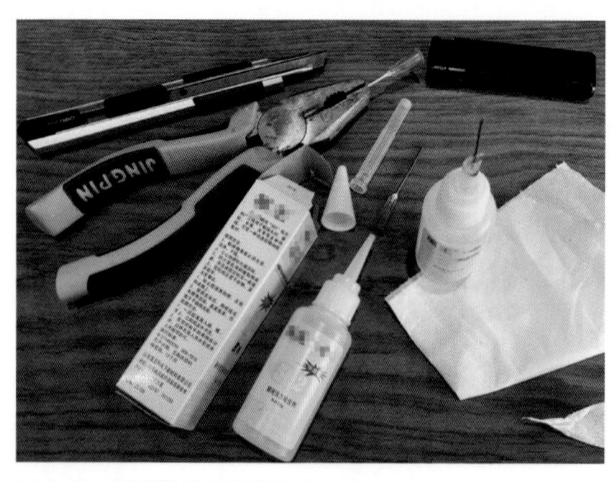

图3.29 镶嵌针头需要的基本工具

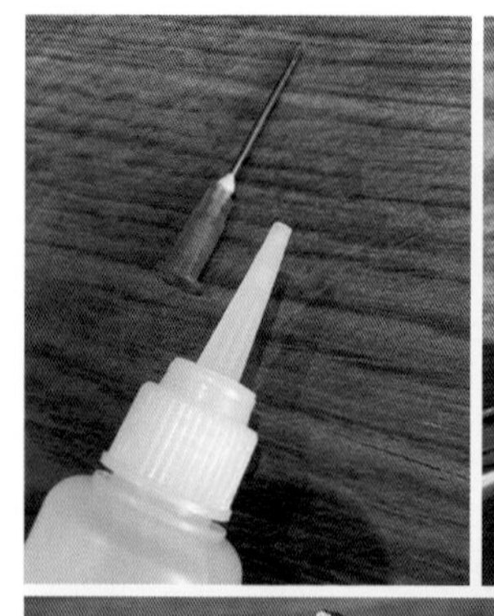
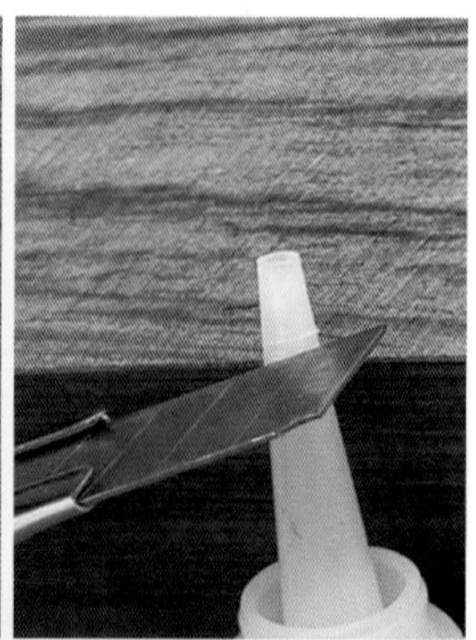

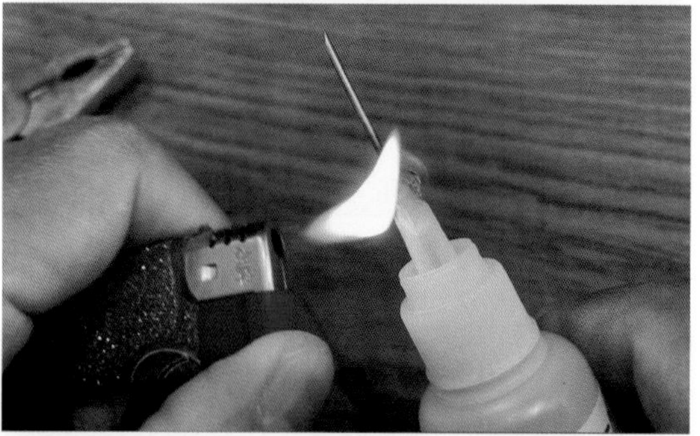
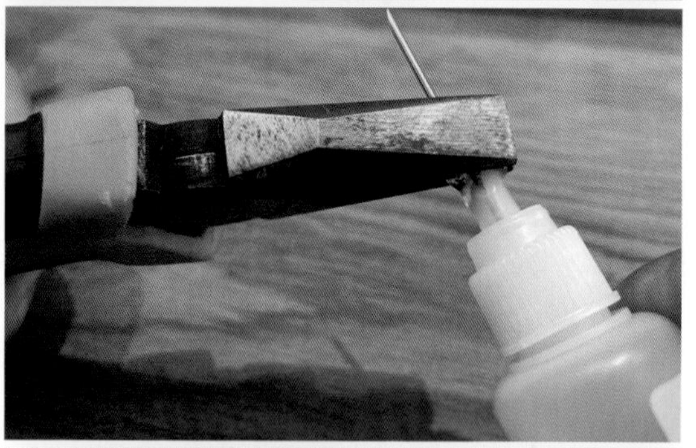
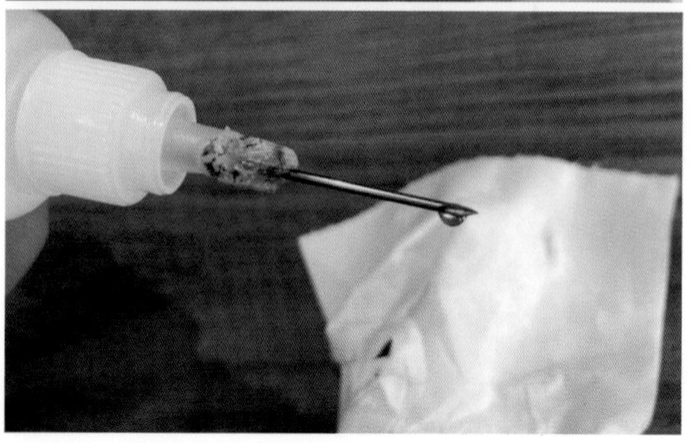

图3.30 镶嵌针头的关键步骤与使用效果

2. 三氯甲烷

三氯甲烷是 ABS 与亚克力等材料的化学溶剂，液态无色透明，具有刺激性有害挥发气味。熔融的特性使其具有焊接般的粘接强度，因而被广泛应用在有强度或防震需求的模型工件的粘接上（图 3.31）。

图 3.31　可溶 ABS 的三氯甲烷，具有焊接般的粘接强度

3. 环氧树脂胶

环氧树脂胶因粘接强度比较高，所以经常被用于结构性粘接；因粘接痕迹较重，所以不适用于对精度有要求的表面粘接（图 3.32）。

图 3.32　某品牌双组份树脂胶及其他性状的单组份胶

4. 双面胶

双面胶分为双面胶带、喷胶等，其因使用方便、粘接面积大、粘接强度高、粘接痕迹精细均匀等优点，被广泛用于材料平面的粘接。

5. 热熔胶

热熔胶是指需通过电加热胶枪熔化的胶棒，多用于产品及建筑的板式模型。它具有粘接强度适中、适用材料广泛、使用方便的优点；缺点是容易拉丝、粘接痕迹大，适合在结构背面和内部使用。

6. 辅助工具

在各种模型制作的过程中，还可能会用到大力胶、苯板胶、发泡胶、结构胶，玻璃胶、密封胶等，这类粘接剂在操作时还需使用胶枪、毛刷、刮板等辅助工具（图 3.33）。

图 3.33　发泡胶、玻璃胶等功能各异的粘接剂

3.1.5 喷涂工具

产品设计模型塑造课程中的多数模型是不需要特殊上色的，保留材料本色并使之达到光泽均匀即可。例如，发泡树脂模型不能直接喷涂，密度板模型喷涂效果不佳，ABS 模型喷涂需要经过修补、打磨、底漆、面漆、抛光等烦琐的工序才能达到完美的表面效果。课程模型为达到基本的色彩材质效果，经常会使用原子灰、红灰、手摇自动喷漆、丙烯颜料、马克笔、贴膜等相关染色工具（图 3.34、图 3.35）。

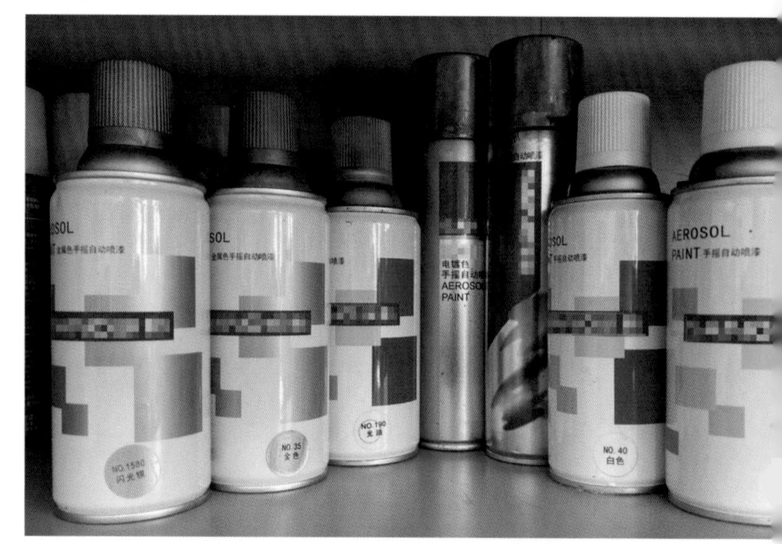

图 3.34 手喷漆色彩多为黑、白、灰、金、银及常用的纯色与间色

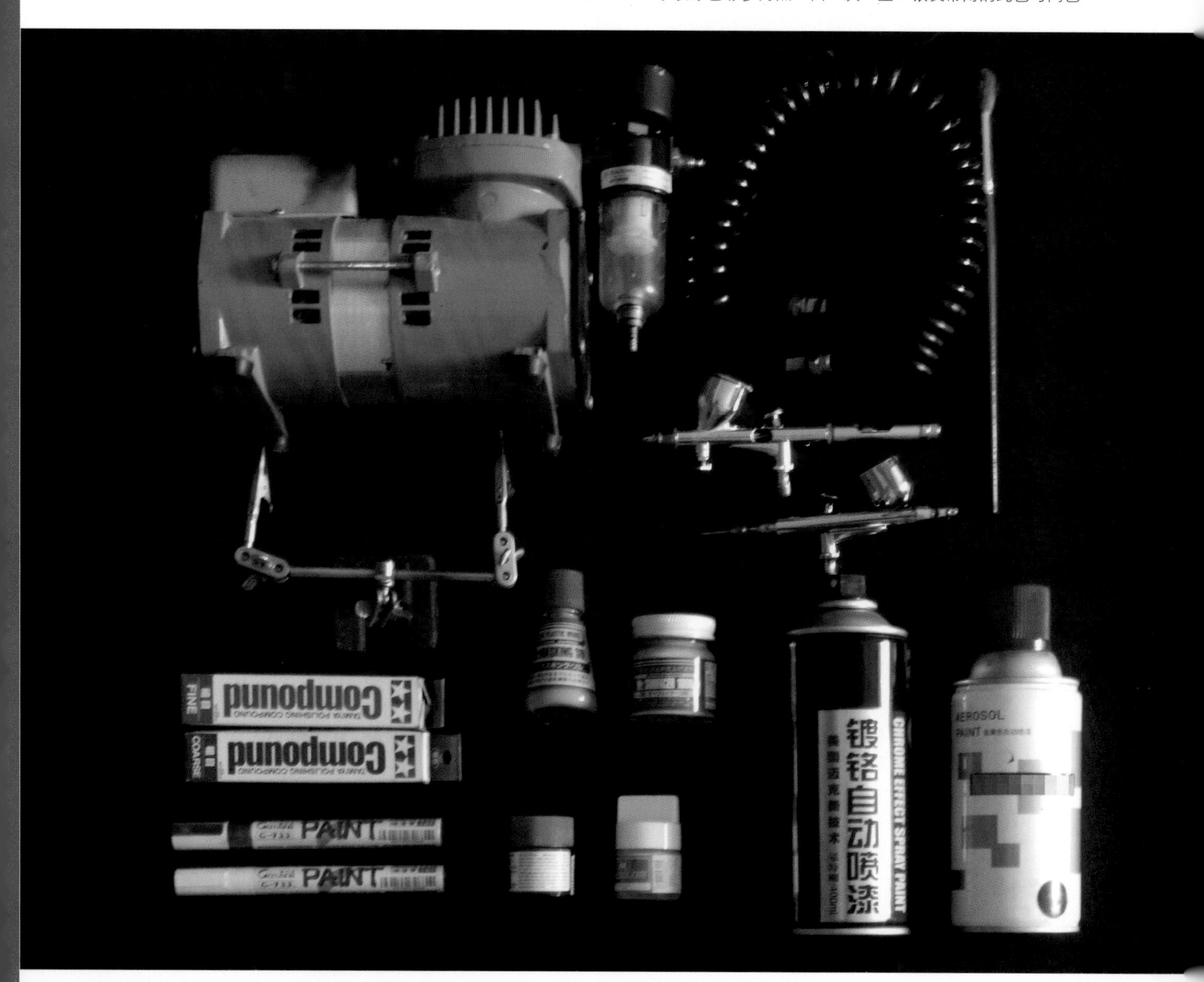

图 3.35 模型表面喷漆使用的气泵、喷笔、漆料，可进行色彩丰富、质感精美的表面处理

3.1.6　日常工具

日常工具是指日常学习与生活中会用到的小工具，如镊子、剪刀、雕刻刀、螺丝刀、锤子、板刷、称量工具、调合容器、遮盖胶纸、塑胶刮板等。它们具有组装、维修、实验等功能，不是模型塑造必备的工具，可根据课程具体需求选备。当然，工具越齐越好，正所谓“手巧不如家什妙”。我们鼓励经常使用这类工具，锻炼动手能力（图 3.36、图 3.37）。

图 3.36　选择品牌五金工具能提高工作效率及操作安全性

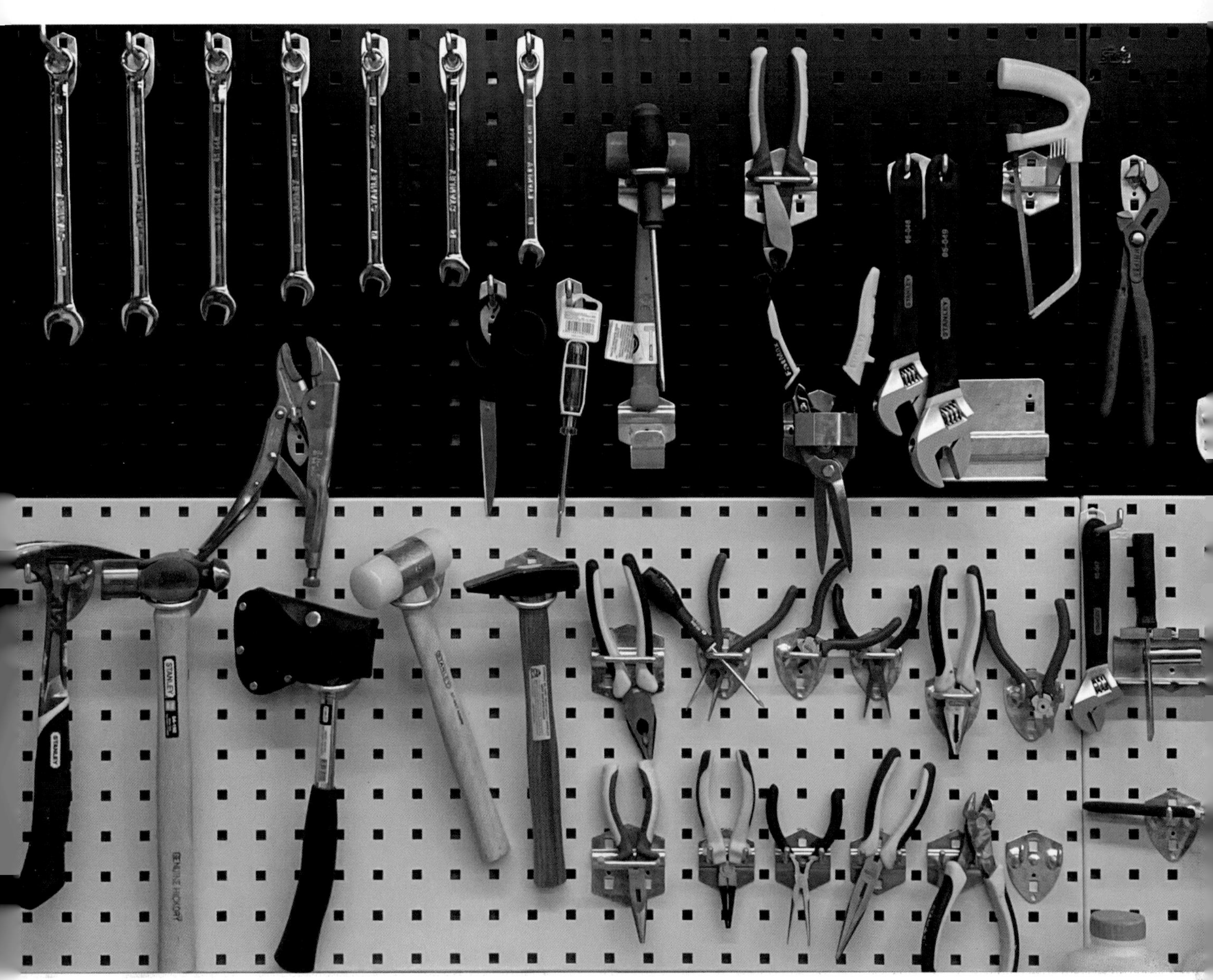

图 3.37　扳手、剪刀、锤子、斧子、电笔、卷尺、台虎钳等日常工具

3.2 模型塑造电动工具及用法

电动工具是基于传统工具工作原理，改变动力来源形式，以高速旋转、往返运动为特征，以手持为主要操作方式的工具类别。其种类繁多、功能齐全、大小各异，具有工作效率高的显著优点。因其专业性较强，操作者需要有手动工具的操作经验，且存在安全隐患、粉尘噪声污染等弊端。在产品设计模型塑造课程中，可根据培养目标、学生能力、设计需求、实验条件等因素，谨慎选备安全、适用的电动工具。

3.2.1 电钻

电钻是用于金属、木材、塑料等的钻孔工具，有手钻和台钻两种类型。

1. 手钻

手钻因采用手持方式，具有灵活方便的工作角度和空间，能够满足绝大多数的钻孔需求，而成为最常用的钻孔工具。模型加工最好选用具有正反转功能、可调节速度的充电手电钻。充电手电钻使用起来更为灵活，也可用作电螺丝刀，在无外接电源的情况下能够正常工作(图 3.38)。

图 3.38 优质品牌的充电手电钻

2. 台钻

台钻是固定式钻孔设备，分为立式和卧式两类，有不同的规格型号，必要时可在钻孔平台上增配夹具，以满足各类钻孔需求（图 3.39）。台钻具有钻孔位置精准、钻孔角度稳定、钻孔力度大、钻孔深度可控等优点。产品模型塑造多采用小型立式台钻，钻头多在 1～16mm 之间，3mm、6mm 使用频率最高，如需钻大于 16mm 的孔，可以配合使用 16～60mm 的开孔器。

图 3.39 配备钻铣平台的多功能台钻

3.2.2　电磨

电磨是指用来快速打磨坚硬材质的有效工具，有砂轮机、电磨抛光机、手持角磨机等类别。

1. 砂轮机

砂轮机由砂轮片、电动机、砂轮机座、托架和防护罩等组成，通常是在电机两端对称安装砂轮片的款式，并有粗砂细砂、规格大小之分（图 3.40）。

在产品设计模型塑造课程中，砂轮机主要用于打磨 ABS 壳体的褶皱及余料部分，还经常用来打磨金属工具，也可用来磨去金属工件的毛刺、锐边等。

通常，砂轮片不可磨木材、石膏、油泥，否则会导致产生大量粉尘、磨糊材料，容易腻住砂轮片孔隙。砂轮片的质地硬而脆，转速较高，应严防发生砂轮片碎裂迸溅伤人事故。磨削时，操作者应站在砂轮片旋转轨迹的侧面，防止工件对砂轮产生剧烈的撞击或施加过大的压力；同时，要认真学习和严格遵守设备安全操作规程。

图 3.40　具有强劲动力和稳定性的大功率立式电动砂轮机

2. 电磨抛光机

电磨抛光机是一类小型手持电动工具，因其具有可更换多种磨具、小巧灵活、操作精准等优点，经常被用于玉雕、木雕等雕刻类手工业操作，产品模型的一些细节刻画也会用到电磨抛光机，更换钻头或匹头可实现电钻的功能转换（图 3.41）。

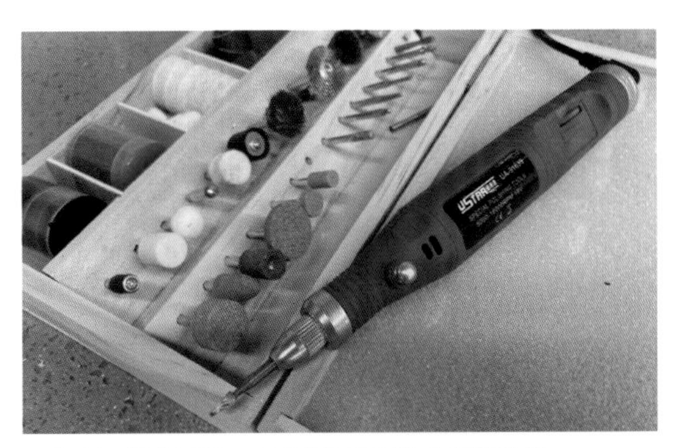

图 3.41　操作灵活、功能全面的手持电磨抛光机

3. 手持角磨机

手持角磨机的主要功能是通过无齿切片或磨片对金属进行切割或打磨。它可通过更换磨片实现不同的用途，如木工切片适合切割木板、金刚砂切片用于切割打磨石材、抛光片适合抛光模型表面，是使用效率较高、应用较广的电动打磨工具。但使用手持角磨机时会有较大的噪声，切割和打磨木材、石材时会产生很多粉尘，并且具有一定的危险性，因此使用时需要做好环境保护与安全防护工作，否则强烈不建议使用上述工具（图 3.42）。

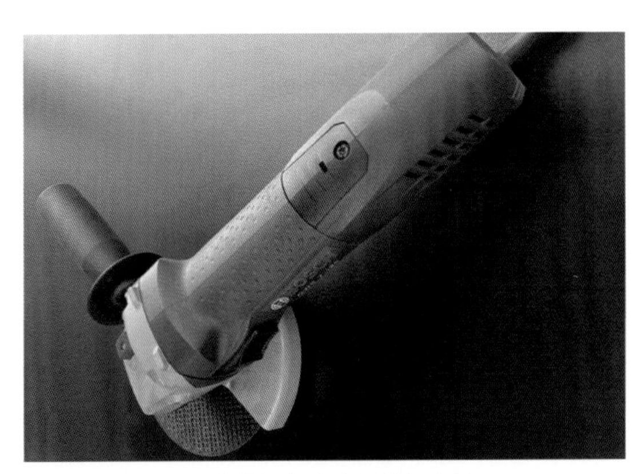

图 3.42　主要用于切割及打磨金属的角磨机

3.2.3 电锯

电锯是用来切割金属、木材等材料的高效电动工具。根据切割材料的性质、切割方式、形状大小，电锯可分为介铝锯、曲线锯、台板锯、热狗锯、带锯、无齿锯、马刀锯等类别，各个类别的电锯还有许多规格、型号可供选择。产品设计模型塑造课程应根据需要，选备高品质并有安全保护措施的小型电锯。出于安全考虑，不建议使用手持电锯。

1. 介铝锯

介铝锯由锯片、锯台、电动机、操作手柄、防护罩等组成，主要用于切割截面较小的ABS棒、ABS管、铝塑、铝合金等型材，材料需通过锯台上的夹具固定，可准确切割设定的长度和角度（图3.43）。

图3.43　适合铝型材及木棒等材料的设定长度和角度的切割

2. 曲线锯

曲线锯有连续式和往返式两种基本结构款式，主要用于切割大体块泡沫、较薄的密度板、ABS板等轻薄材料。因其锯条较窄且较细，所以可进行小曲率的线形及形态切割（图3.44）。

图3.44　带式曲线锯操作时较往返式曲线锯更稳定、流畅

3. 台板锯

台板锯由锯片、电动机、平台、导轨、夹具、防护罩等组成，是切割密度板或实木板材的高效设备，可根据设定尺寸进行大、中面积板材的分割。因其具有较高的危险性，操作者必须接受安全操作培训，并有同类设备的操作经验，在做好人员、设备、环境的全面安全防护后方可使用（图3.45）。

图3.45　台板锯是高效的木工板材切割设备，需进行安全操作培训

4. 热狗锯

热狗锯是台板锯的安全升级版，采取高效的感应装置保护操作者的安全，并有更多便于操作，能提高精度、效率的辅助导轨和夹具。热狗锯具有较高的安全性，比较适合模型塑造课程使用（图3.46）。

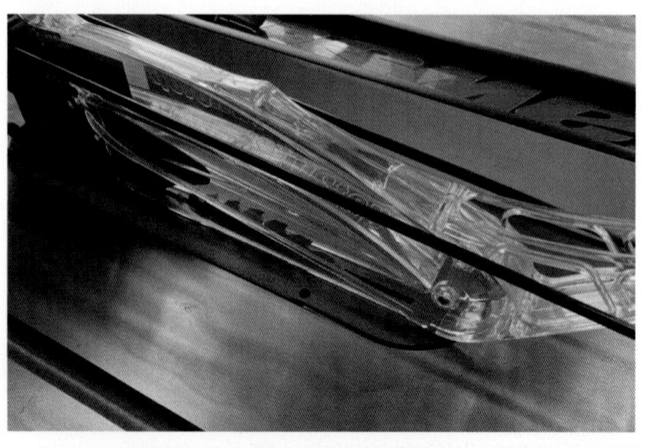

图3.46　SAWSTOP热狗锯是安全性较高的木工板材切割机械

3.2.4　热塑设备

1. 恒温干燥箱

恒温干燥箱是加热 ABS 板、亚克力板的专用设备，温控范围为 0～200℃。ABS 板适合压型的加热变软温度为 120℃左右，时间为 3min 左右。设置加热具体参数应根据板材材质、板材厚度、原型的复杂度、形体起伏的深浅度、环境温度等进行适当调节，设定烤箱的温度和工作时间。原则是板越厚、形体曲度越大，烤箱温度应少量降低，而时间需增加，以便板材烤得更透、更软。使 ABS 板介于固态和熔融状态之间的温度范围相对比较小，不要加热过度，在经验不多时需要通过观察窗认真监控板材的烤制状态，以免将板材烤化、烤糊，造成不必要的浪费和火灾隐患（图 3.47）。

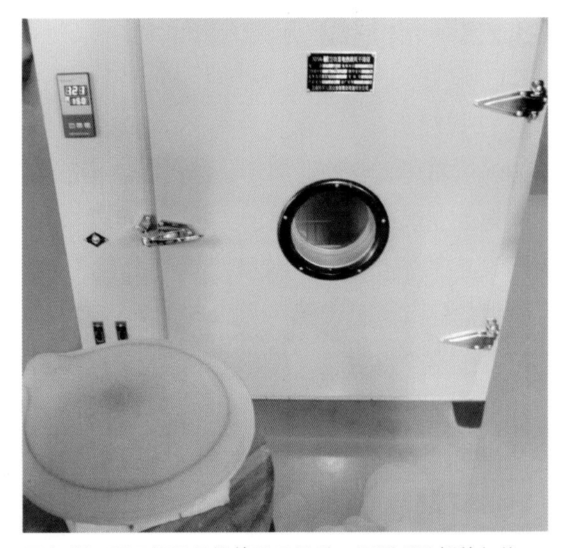

图 3.47　医用恒温干燥箱适用于手工压型 ABS 板的加热

2. 吸塑机

吸塑机是 ABS 板压塑模型的升级版设备，是集板材加热、模具对正顶出、抽真空吸附成型、吹气脱模等功能于一体的高效塑料壳体成型设备。依托吸塑机，壳体模型质量和生产效率大大提高，省去了传统压型用的套模。吸塑机有大、中、小不同的型号规格，产品设计模型塑造课程比较适合使用 500mmX500mm 规格的中型设备，因其加工尺寸固定，会造成吸不了大模型、吸小模型浪费的情况。因此，设置吸塑模型课题时，需根据设备加工范围，综合考虑模具的可搭配性，从而确定模型的制作题材和尺度要求（图 3.48）。

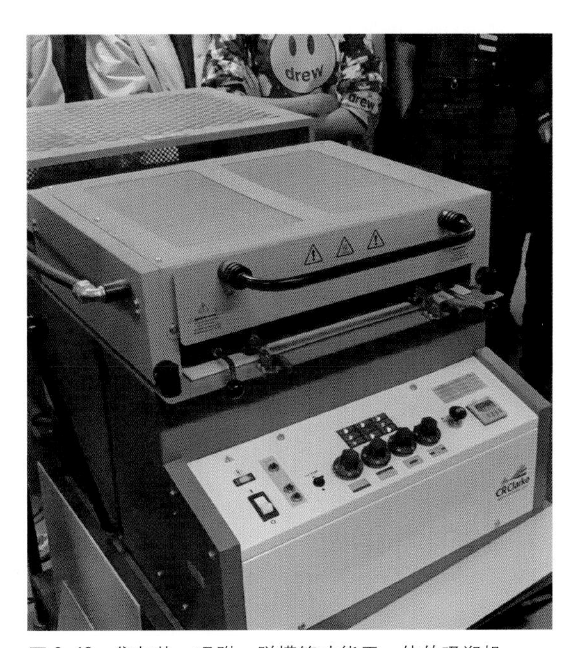

图 3.48　集加热、吸附、脱模等功能于一体的吸塑机

3. 热塑枪

热塑枪是针对 ABS 板压塑或吸塑模型制作过程中产生的小瑕疵，进行二次局部加热塑形的电动工具。它与日常使用的吹风机原理相同，区别在于热塑枪温度更高，风速更快、范围更准。使用时需要先在模型边料上进行加热距离、范围、速度、时间等的实践，总结出规律后再对模型局部进行加热重塑（图 3.49）。

图 3.49　适用于 ABS 板模型的局部加热塑型

3.2.5 油泥设备

1. 油泥烤箱

油泥烤箱是工业油泥的专业恒温加热设备，可根据油泥塑造的具体需求，通过温度调节与时间设定来调整油泥的硬度，具有安全、高效、方便的优点（图3.50～图3.52）。在日常环境下，使用少量油泥时，可尝试通过热水袋、加热贴、电褥子等低温方式加热油泥，需要注意油泥的防水、防尘和电器的防火等安全事项。

图3.50　油泥可恒温持续或反复加热，加热适当的油泥如面团一样柔软

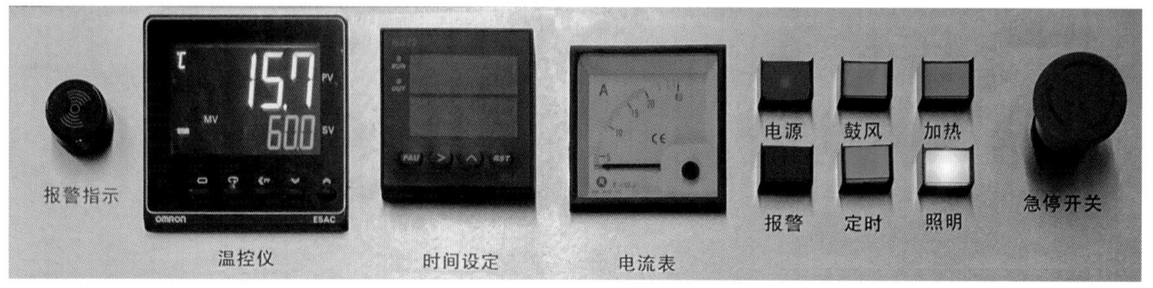

图3.51　油泥加热器的控制面板，使用者应熟知各项功能信息，并能熟练操作

图3.52　可通过玻璃窗观察油泥在加热器中的状态

2. 油泥回收机

油泥是由多种化学材料组成的工业材料，成本比较高。将刮下来的油泥碎屑和废旧的油泥模型直接废弃是极大的浪费，并会对环境造成较坏的影响，回收油泥是保护环境的一种好做法。油泥回收机是对使用过的油泥进行分离、熔化、搅拌、挤出的专业设备（图3.53）。

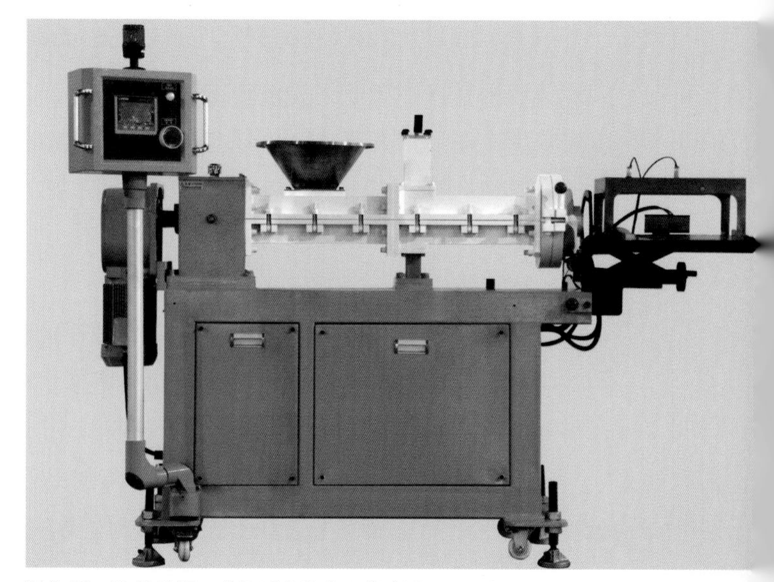

图3.53　这款油泥回收机适合集中回收油泥

3.2.6　气动设备

气泵是气动设备，是喷漆、喷砂的动力来源（图 3.54、图 3.55）。吸尘器是模型塑造课程经常使用的用于除尘、抽真空等工作的设备。气动设备的种类及规格型号众多，有大型的储气和除尘系统，也有桌面级的小型工具，可根据模型类型和环境需求选择合适的工具设备。

图 3.54　适用于铝合金、ABS 等材料表面处理的喷砂机

图 3.55　中型空气压缩泵，适用于模型喷漆等气动设备

3.2.7　机械加工设备

机械加工设备有车床、铣床、锻造、冲压、注塑等加工设备。

无论是日用产品还是航天工业，都离不开传统的生产加工。生产加工是近代工业与科技发展的基础，存在于手工艺与高科技之间。

产品设计模型塑造课程中的许多工艺技法也来源于传统的加工工艺。其中，车床工艺的使用最为普遍，模型中具有旋转形态特征的工件都可以用车削方式加工，如内外圆锥曲面、螺纹等（图 3.56）。另外，基于车床原理发展的旋压工艺可制作出金属壳体模型，是模型塑造较为高效的加工方式。

图 3.56　广泛应用于硬质材料旋转形态模型加工的台式车床

3.3 模型塑造工具安全操作规范与防护用具

3.3.1 手动工具的使用与防护

在课程实践环节中，会用到各种工具，对材料进行塑造加工。使用手动工具须注意以下事项。

（1）要保证拿工件的手在刀、锯、锉等工具的运动范围以外，并能稳定地把持工件。最好使用台虎钳来固定工件，这样可以避免受伤，在工作区需要配备外伤用药箱，如发生意外可进行及时处理（图 3.57）。

（2）要避免 502 胶水等有灼伤危害的化学材料迸溅到皮肤上，尤其是不要让其进入眼睛，操作时有必要佩戴护目镜。在使用三氯甲烷等溶剂或有挥发气味的漆料、树脂、胶类时需要佩戴防护口罩或防毒面具（图 3.58）。

（3）在使用锉刀或粗糙材料时，需要佩戴轻薄的线手套，在使用胶类、树脂材料时需要佩戴医用橡胶手套（图 3.59）。

图 3.58　护目与呼吸防护于一体的防毒面罩

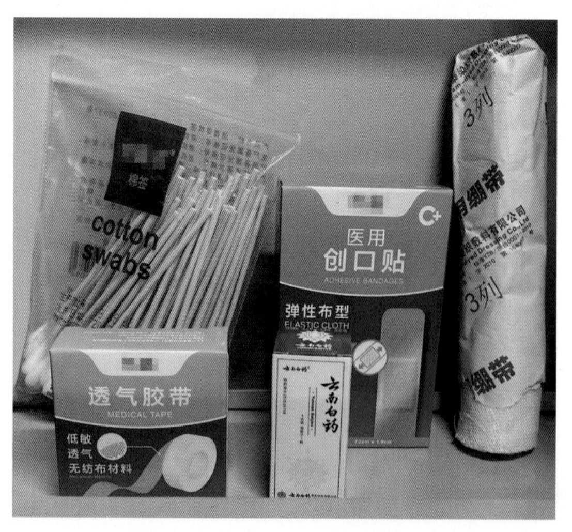

图 3.57　药箱中必备的外伤用药及其他备品

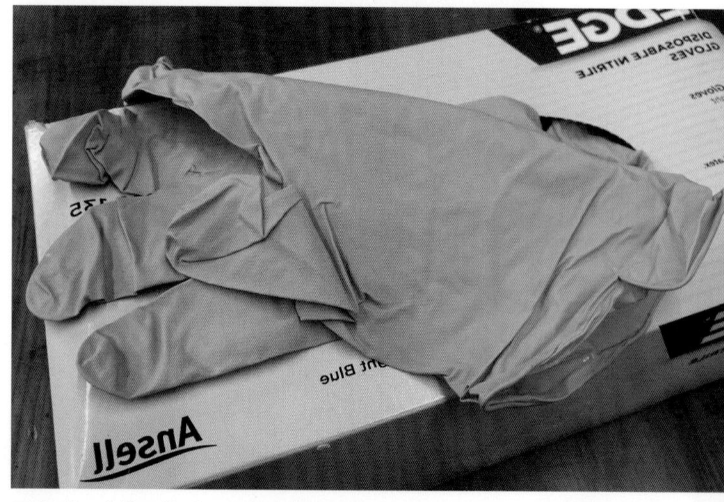

图 3.59　在使用粘手且不好清洗的材料时，有必要佩戴一次性橡胶手套

3.3.2　电动工具的使用与防护

操作具有安全风险的电动设备前，需要对操作者进行电钻、电磨、电锯等设备的安全操作培训，定期检查、保养工具设备，保证安全正常的使用功能，并张贴防护建议标识（图 3.60）。

（1）学生需要在专业实验技师的指导下，认真学习安全规范，建立高度的安全操作意识，谨慎操作设备。工具功能专用，不建议使用替代功能。

（2）使用电锯、电磨时，如果有火星飞溅、粉尘飘散、噪声入耳、强光晃眼、异味刺鼻等情况，一定要佩戴耳罩、护目镜、口罩、防毒面具等防护用具（图 3.61）。

（3）因电钻高速旋转时可能会造成缠卷头发、手套、衣物等高危险事故，所以使用该类工具时要收拢长发，不可戴手套。

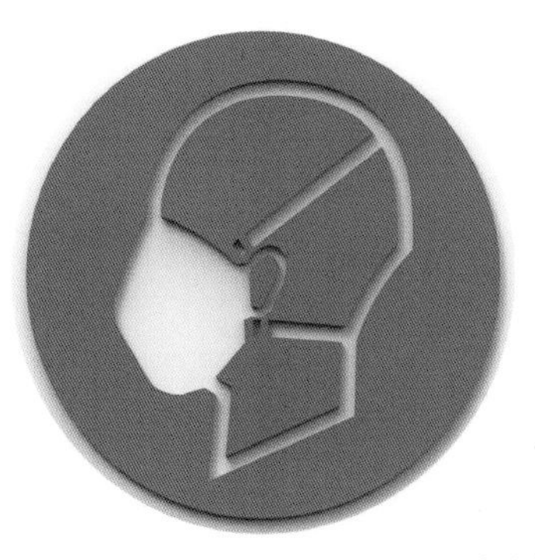
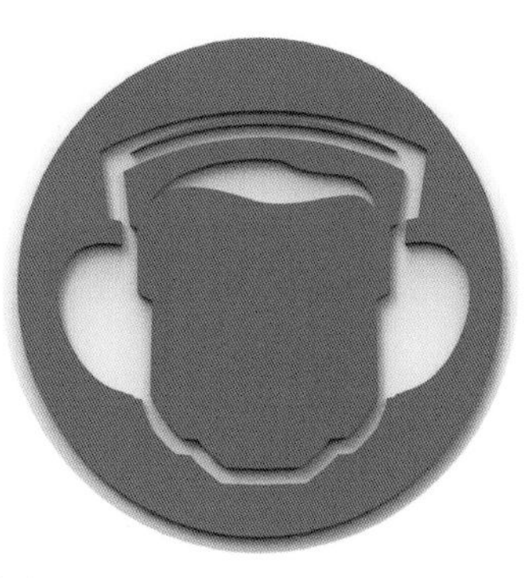

图 3.60　通用的工具及设备使用的防护建议标识

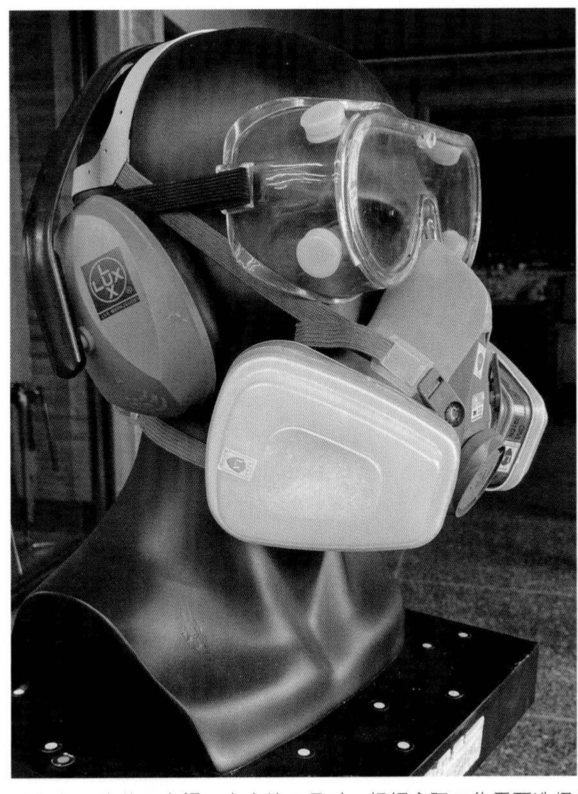

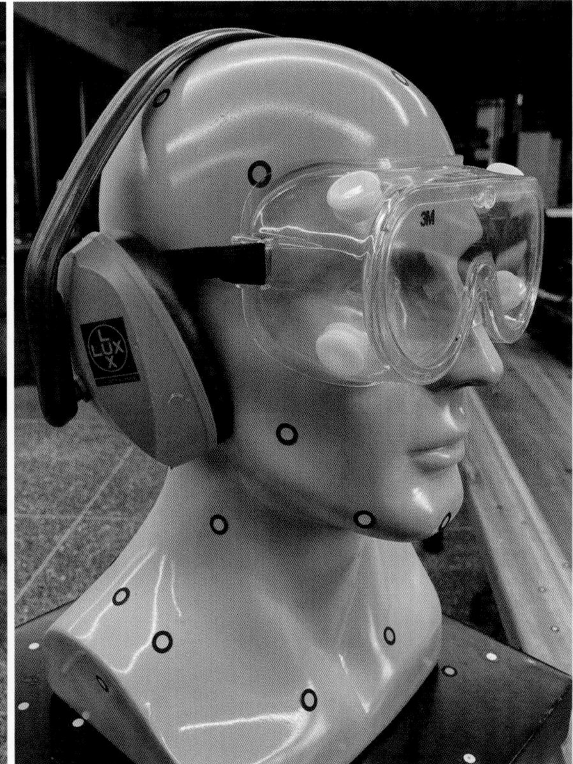

图 3.61　在使用电锯、电磨等工具时，根据实际工作需要选择佩戴耳罩、护目镜、口罩、防毒面具等防护用具

3.4 模型塑造工作习惯与工作环境

3.4.1 工作习惯

党的二十大报告提出："全面贯彻党的教育方针，落实立德树人根本任务，培养德智体美劳全面发展的社会主义建设者和接班人。"这为我们培养爱劳动、擅劳动的优秀专业人才提供了明确的方向。良好的工作习惯是提高工作效率的重要保障，应做好目标设定、工序规划、进度安排、执行保障等模型塑造的工作计划。

在产品设计模型塑造课程中，要养成良好的工作习惯，如做模型前洗干净手、播放可提高专注力的音乐、开启明亮的灯光、工具材料用后归位、及时清理工作垃圾保持环境干净整洁、禁烟防火，这些都是做好模型塑造工具并保持愉快心情的前提（图 3.62）。

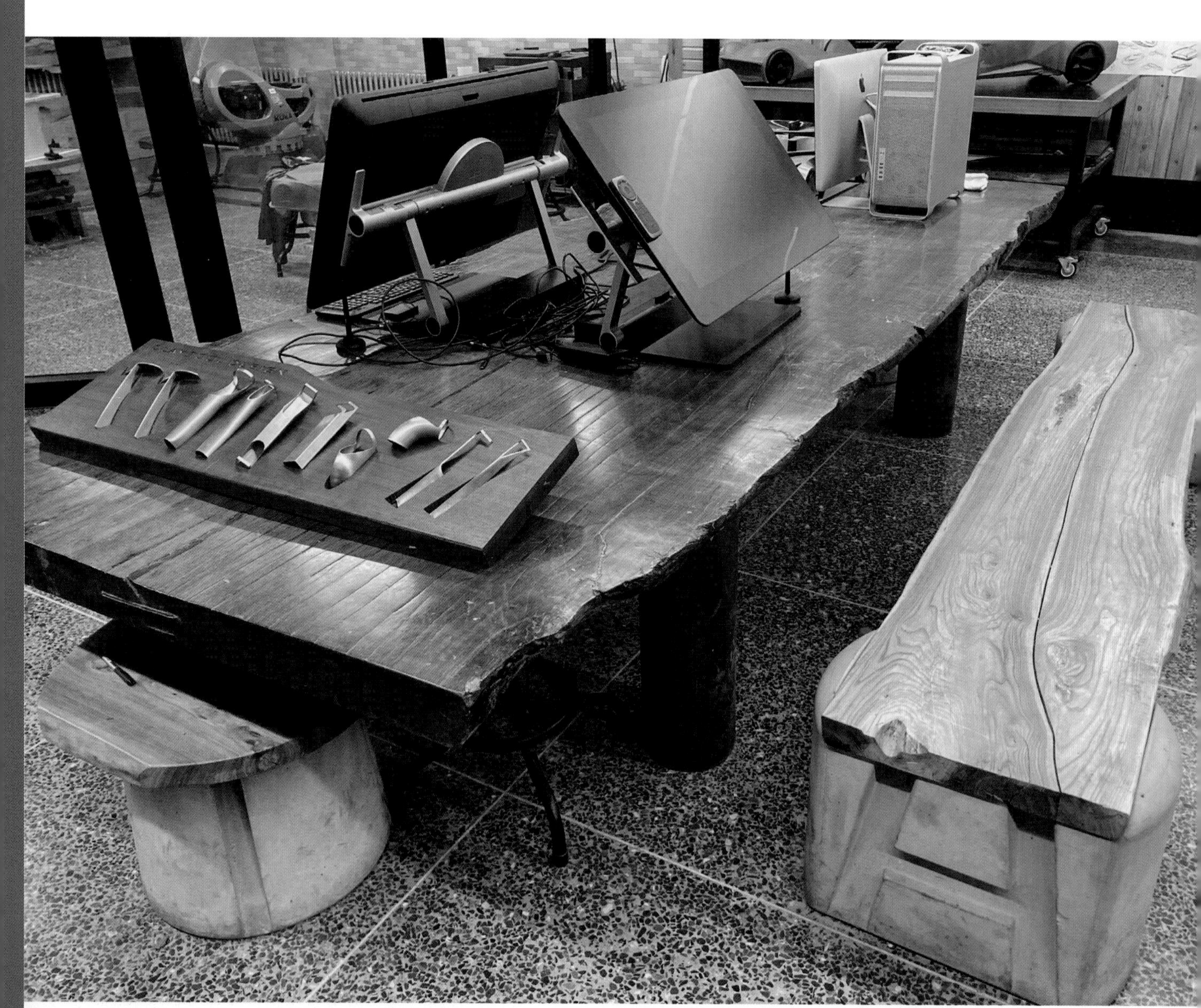

图 3.62 相辅相成的工作习惯与工作环境

图 3.63　需要高度重视的操作安全警示标牌

图 3.64　需要严格执行的操作安全禁止标牌

3.4.2　工作环境

有了良好的工作环境，才能安全、高效地开展工作。由于模型塑造使用的材料、工具及零部件都十分复杂，特别容易造成工作环境的混乱，因此应按工序、按类别采取一些安置它们的措施。例如，充分利用墙面或隔板等高度空间安装吊柜，采用多层置物架摆放材料，安置孔板悬挂工具，选择适合的整理箱分类放置模型零部件，打造宽阔、平整、稳定的工作台，配备模型平台、转台、切割胶板。总之，要建立一个分类明确、整洁有序、舒适安全的工作环境。

严寒酷暑、干燥潮湿都会对模型材料及工艺产生较大的影响。在课程中需要创建可调控或具备适宜温度与湿度的环境，以提高工作效率。

对工作环境的管理与维护，还包括设备运行与操作规范、用电与消防安全等的警示与预防措施（图 3.63～图 3.65）。

图 3.65　工作环境必备的消防标识及消防器材

本章思考题

(1) 谈一谈对“工欲善其事，必先利其器”的理解。

(2) 模型塑造常用的手动工具有哪些类别?

(3) 举例说明在使用模型工具及设备时需要注意的防护事项有哪些?

(4) 在工具设备的使用和环境的维护方面，如何养成良好的工作习惯?

第 4 章
产品设计模型塑造课程技法

本章要点

■ 模型塑造基本流程与要领。
■ 产品形态类模型塑造技法。
■ 密度板模型塑造技法。
■ ABS 壳体模型塑造技法。
■ 油泥形态模型塑造技法。
■ 模型与模具的翻制技法。

本章引言

本章设置了一系列塑造课题，旨在解决模型塑造中容易出现的问题，提升产品设计师的手工模型塑造技巧。“技可进乎道，艺可通乎神”，技法是模型塑造的核心，除了要吸收传统车、钳、铆、电、焊等工艺的技巧，还要学习先进的制造技术，合理设置相关课题，从实践中探寻规律。课题实践内容是使用可塑性材料，根据设计概念或设计图纸，按照尺寸比例将产品设计模型塑造出来，要求掌握制作方法及技巧，提高对形体的理解能力、塑造能力、创造能力。经验与态度是将模型做好的两大要素，只有心灵与手巧兼备方可创造出优秀的设计模型。能在实践中敏锐地捕捉造型特点，在不同点、线、面、体中灵活地转换塑造方法，是至关重要的。

4.1 模型塑造基本流程与要领

产品设计模型不同的表现需求、材料与工艺交叉组合的多样性，使塑造技法显得十分混乱、复杂。为帮助学生理解并掌握基本通用技法与要领，有针对性地解决模型塑造的本质技术问题，笔者在此归纳整理了模型塑造基本流程与要领。

4.1.1 准备工作

1. 题目

模型塑造的课程题目主要由产品形态类模型塑造、密度板模型塑造、ABS 壳体模型塑造、油泥形态模型塑造等构成。应根据设计需求明确课题模型类别、扫描采集或设计模型数据、确定模型尺寸比例、制定工作流程与规范标准。

2. 材料与结构

设计制作产品形态与结构模型时，选材范围十分广泛，包括纸浆、石膏、塑料、竹木、金属等。模型对材料有强度、韧性、柔软度、透明度等功能需求时，功能不同用材也不同，要考虑材料特性，选择适合产品机械性能、结构原理的材料。同时，避免因设计缺陷导致材料变形、崩坏、断裂等现象发生。《考工记》中“大倚小则摧，引之则绝”即是对此意的论述。

3. 工具与工艺

模型塑造课程使用的工具主要是钳工类手动工具与日常工具，可以根据模型塑造需求在第 3 章所列工具与设备中进行选备。

4.1.2 拓形划线

1. 制图基础

完成该步骤需要有 CAD 制图基础，单一产品视图不能全面准确地反映出产品特征，通常会依据形态的结构线选择视图形式，包括三视图、六视图、剖面图、爆炸图、装配图、轴测图等（图 4.1）。

2. 建立基准

在模型材料的六面体上，选定原始底平面为基准面，确定或建立加工坐标原点（图 4.2）。例如，材料堆叠出模型所需体积，即会有拼接面，该面最宜定为对称中心面，两开模具的分割面也多为对称中心剖面（图 4.3）。

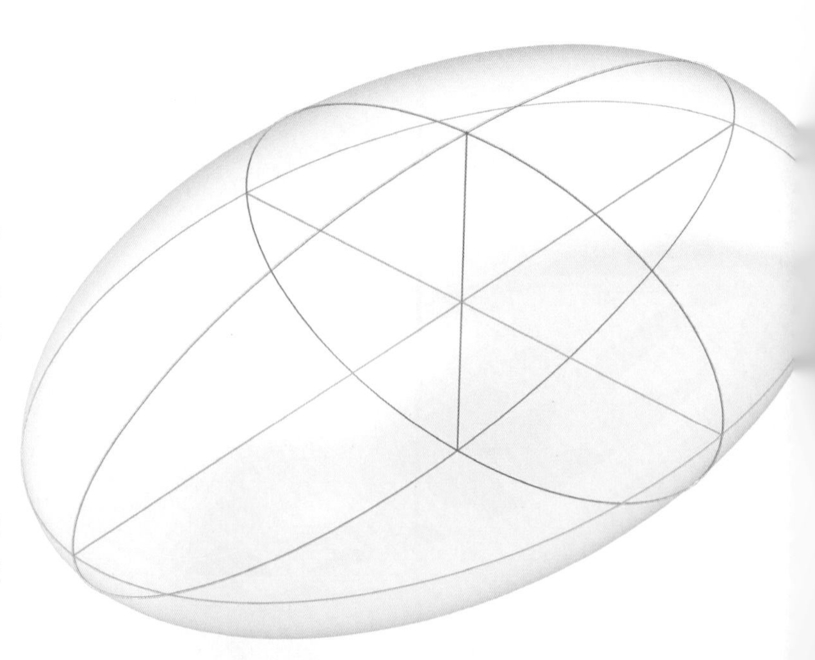

图 4.1 椭圆体的结构线是其制图的基础

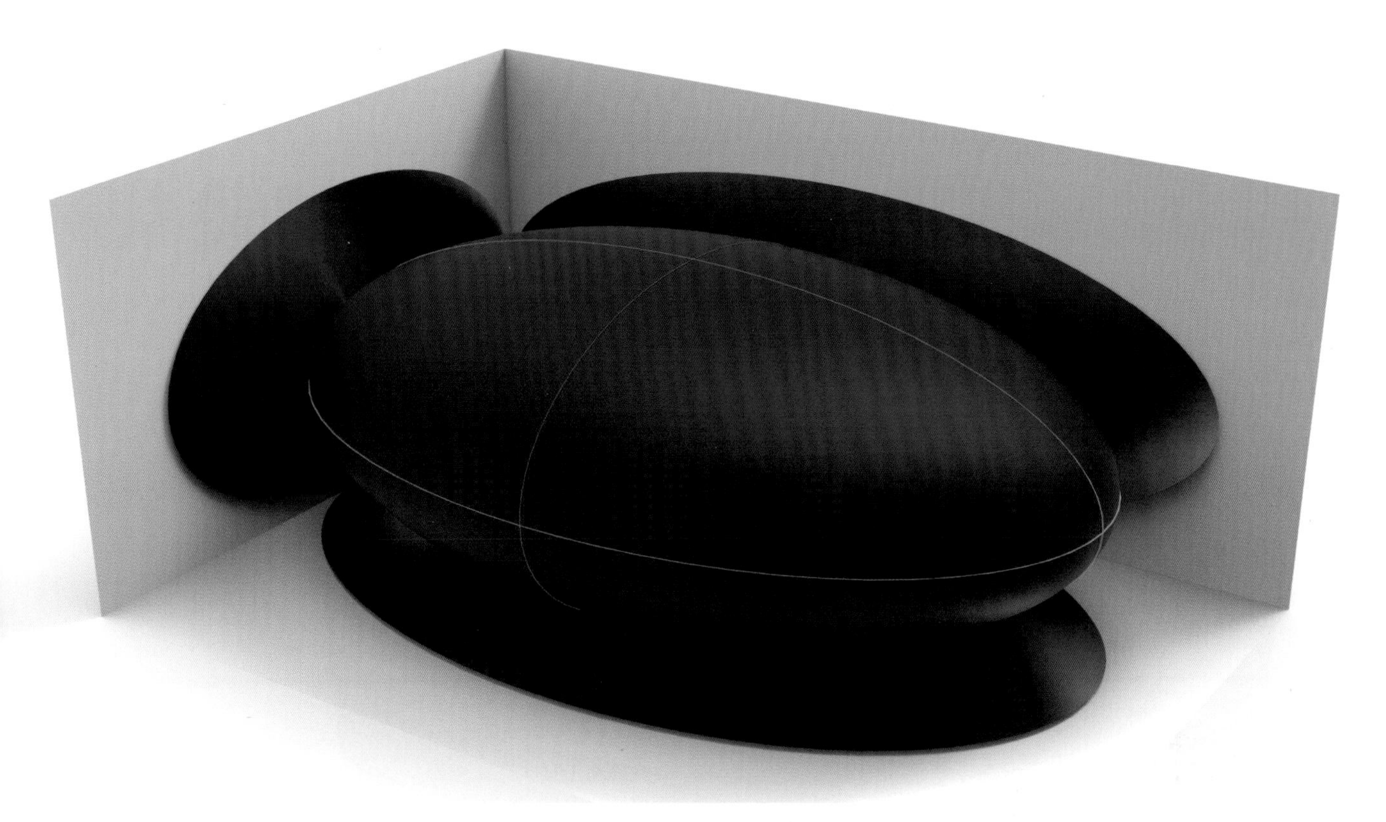

图 4.2　黄金比例椭圆体与三坐标空间原点的投影位置关系，三条彩色线既是各视图的轮廓线，又构成各方位的对称面

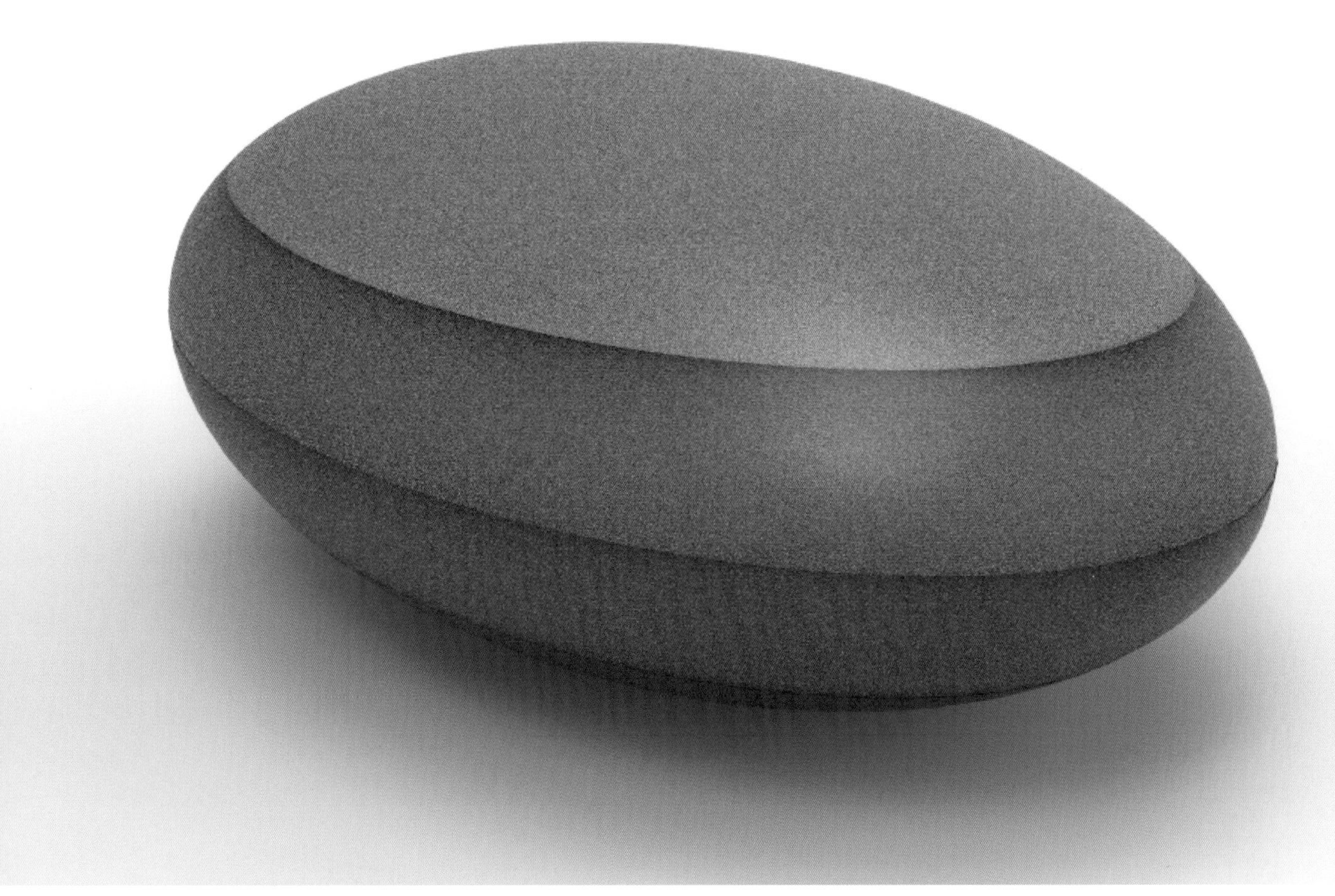

图 4.3　使用板材堆叠模型所需体块，形态塑造过程中可将拼接面形成的等高线作为对称中心面等特征的参考

3. 刻绘线形

在模型材料的各基准面上，刻画出模型整体形态视图，要求尺规并用，线形精细准确、曲直协调、形态比例匀称。需要注意的是，确定视图在材料上的位置时不要采用对应材料中心的绘制方式，这样不仅会增加切割的工作量，而且会过早失去模型坐标系的基准面（图 4.4）。要以材料的垂直角点为坐标原点，以一个能使模型最大化的材料维度匹配模型各视图及比例。确定视图位置时要单侧预留磨削量，通常是在原点一侧尽量少留加工余量，面积越大的部分留量应越小，1～2mm 就足够了。应尽量在另一侧一次性切除余料，这样能大大减少不必要的工作量，提高加工效率（图 4.5）。

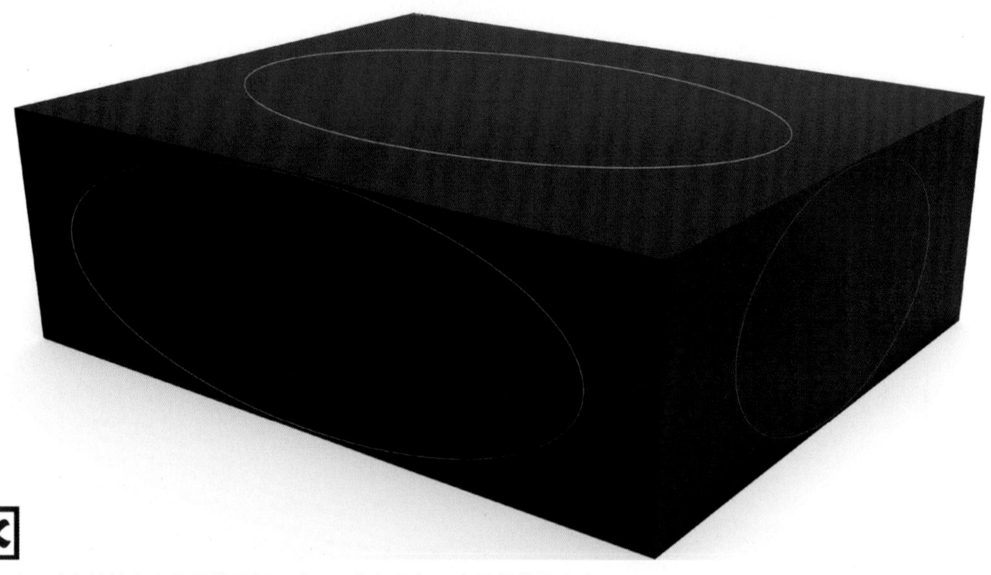

图 4.4 对应材料中心绘制模型视图或四周均匀留加工余量的错误方式

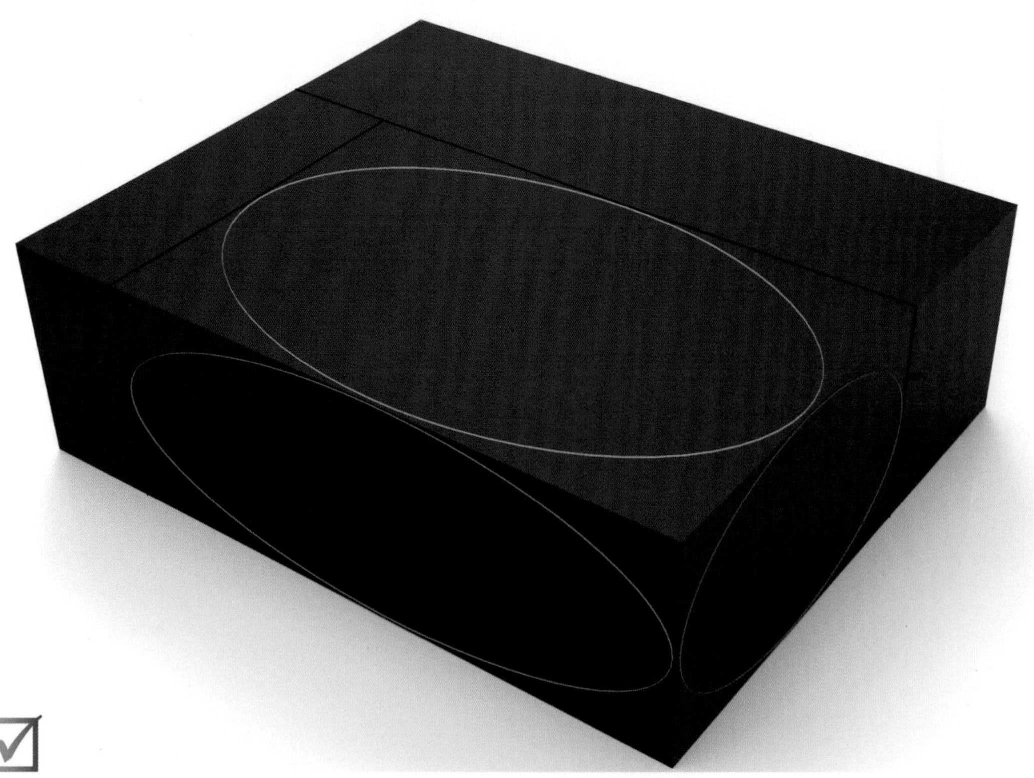

图 4.5 在模型材料上刻绘线形时，选定模型视图比例及位置的正确方式

4.1.3　视图切割

1. 视图加工

使用锯或刀对绘制好视图的模型材料进行视图投影方向的切割，视图加工应按由主及侧、由大到小的顺序进行操作(图 4.6～图 4.8)。

2. 适用工具

大小不同的材料、曲直不一的切割面需用不同型号、不同规格的刀与锯进行切割，细节部分的复杂分割面，可辅用曲线锯、电钻等小型电动工具。选用适合的工具，可以达到事半功倍的效果。

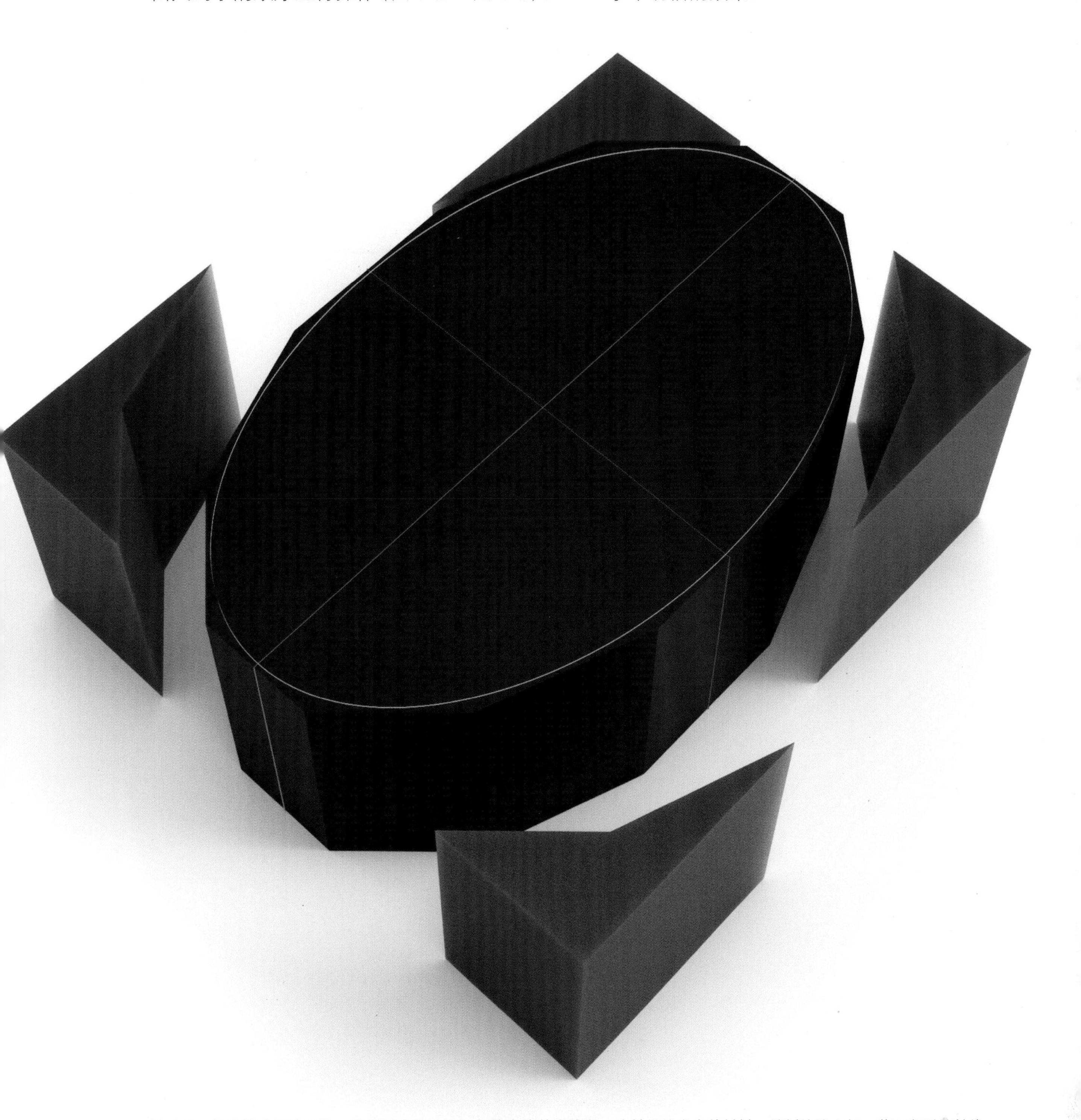

图 4.6　使用锯或刀等工具，沿尽量少且逼近绿色轮廓线的直线段一次性切除多余的材料，并刻绘建立红、蓝两色对称轴线

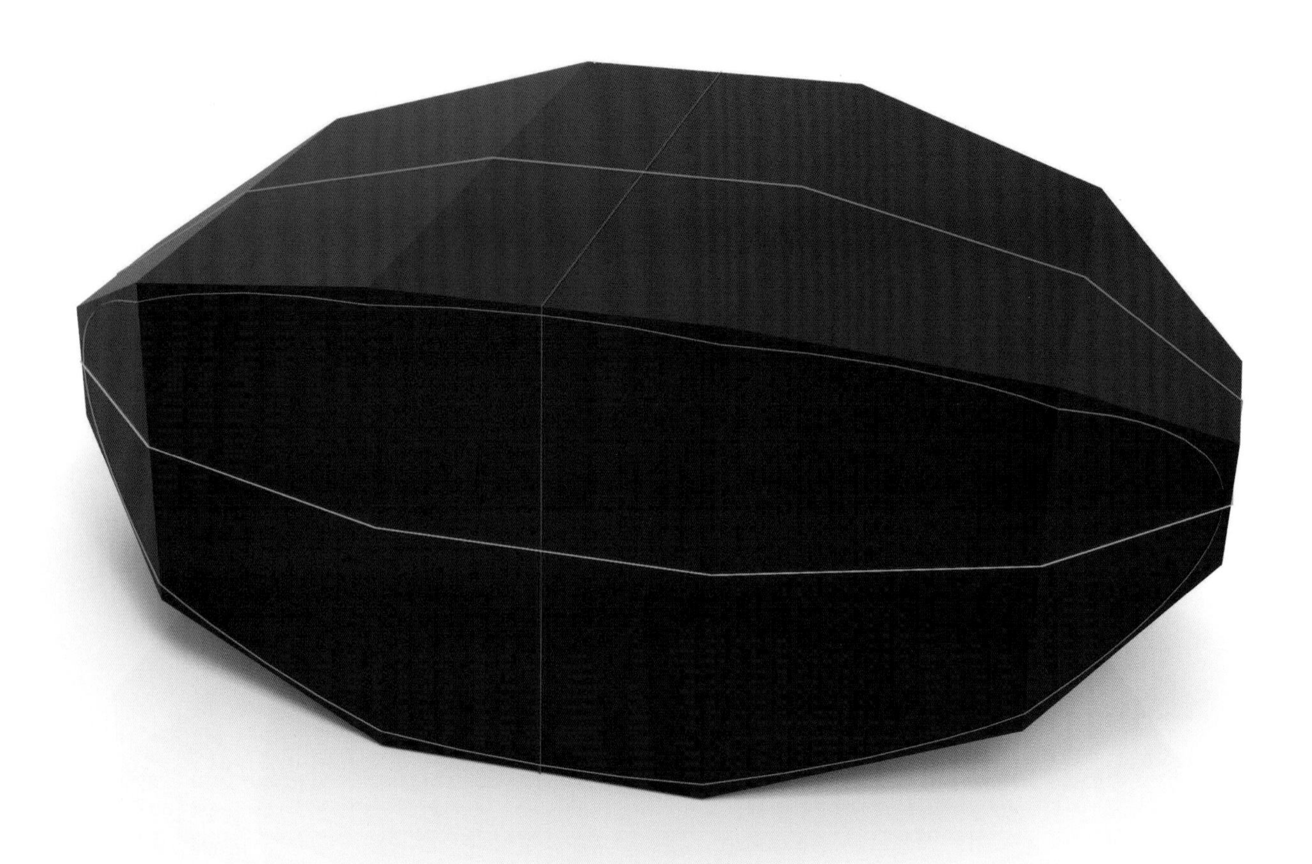

图 4.7　在前一形态的基础上，尽量沿逼近蓝色轮廓线的直线段一次性切除多余的材料，并及时恢复蓝色对称轴线

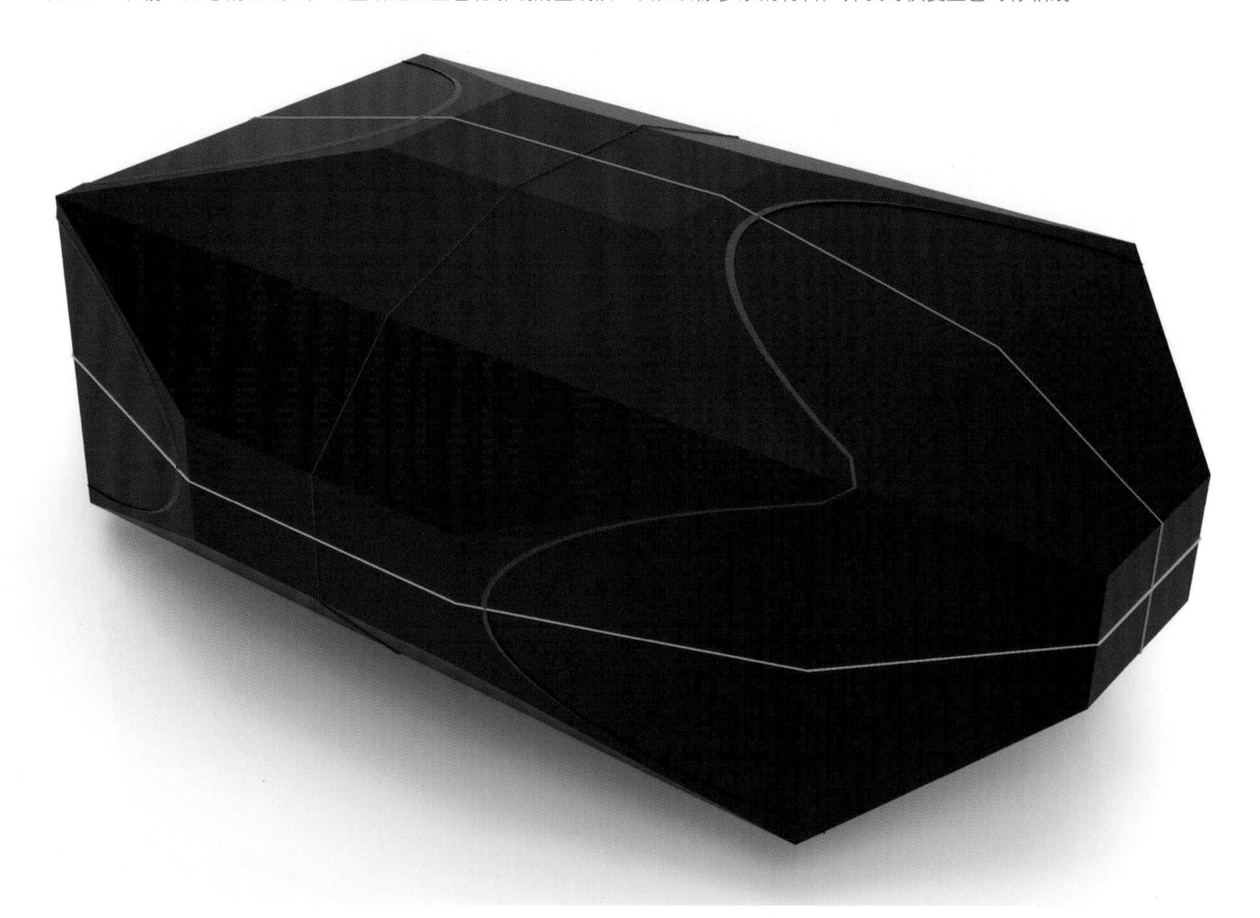

图 4.8　在前一形态的基础上，尽量沿逼近红色轮廓线的直线段一次性切除多余的材料，并及时恢复红色对称轴线

4.1.4　磨削加工

1. 巧用工具

内凹的曲面可将木挫弯出适当的弧度，一般弧度要略小于凹面的曲率，且要结合使用多角度变换的磨削方法。细节越是复杂多变，所需工具的型号就越多，应尝试更多新型、高效的工具。

2. 加工有序

磨削加工主要是使用锉来进行视图间形态过渡的塑造。先进行粗加工，确定关键点、特征线，注意形态和尺度比例的推敲；再将整体大形态加工到匀称有致、线性光顺；然后精细磨削，琢玉成器。坚持由直向曲、由粗向细的塑造步骤，以提高工作效率及加工品质(图 4.9～图 4.11)。

图 4.9　将视图有序切割完毕后，再使用锉刀对各视图依次进行单曲面塑造，并及时恢复各视图对称轴线

4.1.5 细节刻画

1. 细节特征

形态模型或壳体模型制作完成后，经常会根据设计要求，进行工装线、散热槽、扩音孔、透光缝、开关键等细节特征的刻画加工。

2. 品控要求

对模型线面质量的精良控制与要求包括形态匀称、线性有力、尺寸规范、表面平顺、光泽均一、细节精致、做工考究、装配合一、结构稳定等标准。《考工记》中“羽丰则迟，羽杀则趮”的论述表明了产品设计与模型品控的标准及重要性。

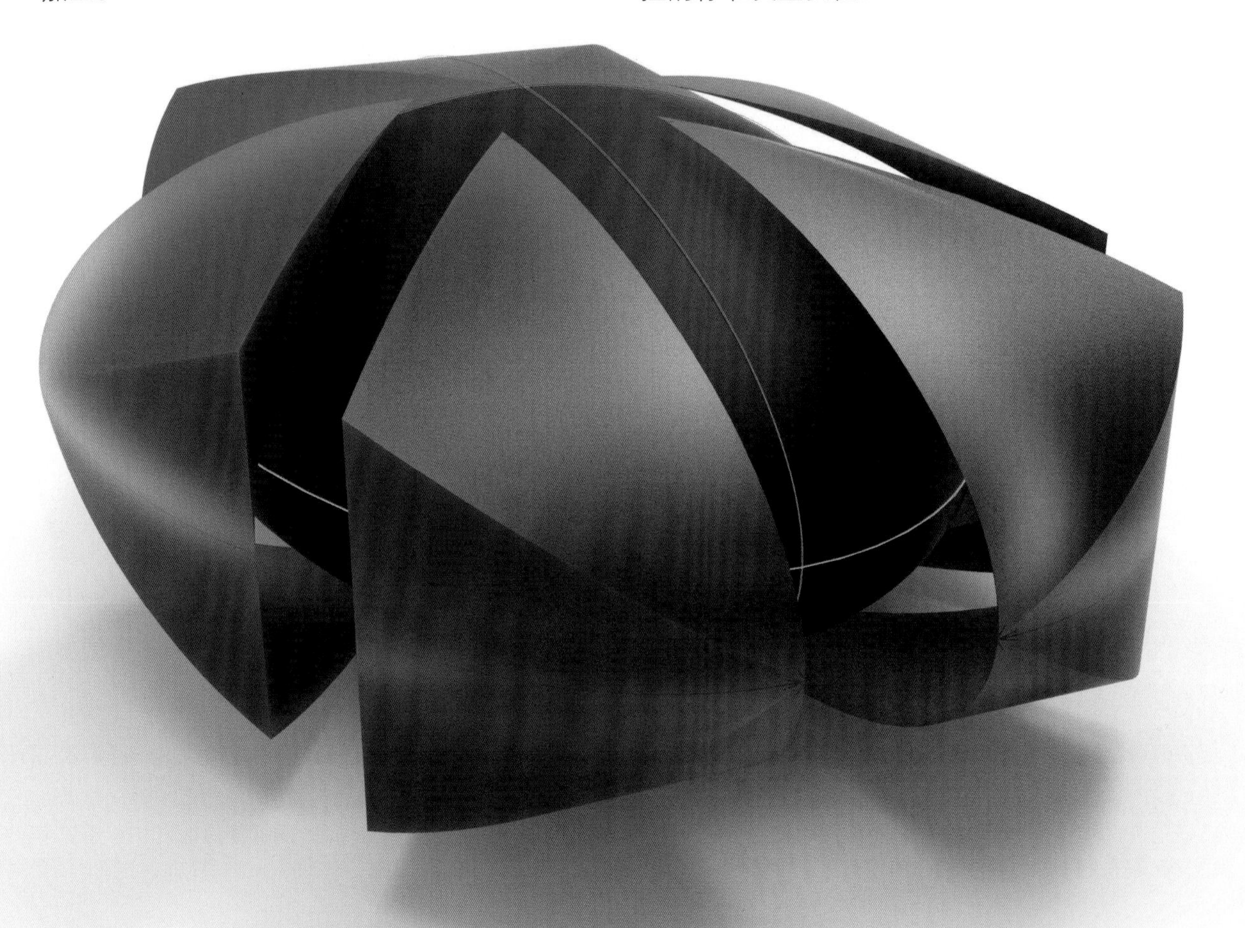

图 4.10 使用锉刀在各视图单曲面之间向双曲面过渡塑造，注重特征点、骨格线、双曲面等形体的准确与光顺流畅

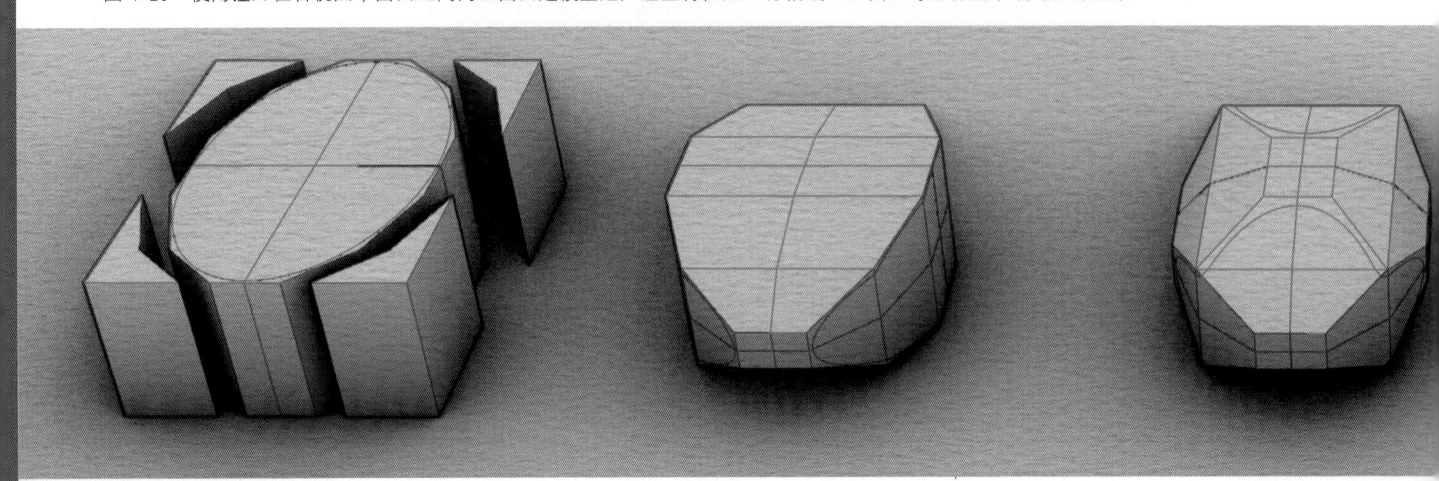

图 4.11 椭圆体塑造由直向曲、由粗向细的视图切割与磨削加工步骤，是代表性的模型塑造基本流程与要领

4.1.6 表面处理

1. 设计类模型

在模型塑造课程的课题训练中，对模型表面的处理，通常是用锉刀或砂纸由粗及细地对材质本体进行打磨、抛光、拉丝等处理，做到表面光泽均匀即可（图 4.12）。这里不会涉及复杂的表面处理工艺，比如本课程在对形态的塑造、拼接等工艺进行评价时不涉及喷涂；喷漆等表面处理需要更多的课时来讲解，且对模型表面的质量有更高要求，如果模型表面基础质量不佳，喷涂效果往往不好。

2. 表现类模型

课程设计使用的模型如有颜色和质感的要求，通常使用手喷漆喷涂，或为保留材质美感而打蜡，或喷涂水泽鲜明的清漆。毕业创作、课题实践等对表现类模型的色彩与质感往往要求更高，需形成具有艺术感或科技感的视觉效果。随着设计理论的发展，已形成系统的产品表面设计构成与配置理论，本书第 6 章会从产品表面设计 CMF 的角度，针对喷涂、阳极化、电镀、染色等产品设计模型表面处理工艺进行更全面深入的讲解。

图 4.12 打磨、抛光、拉丝等是设计类模型最常见的表面处理方式 | 作者：焦宏伟

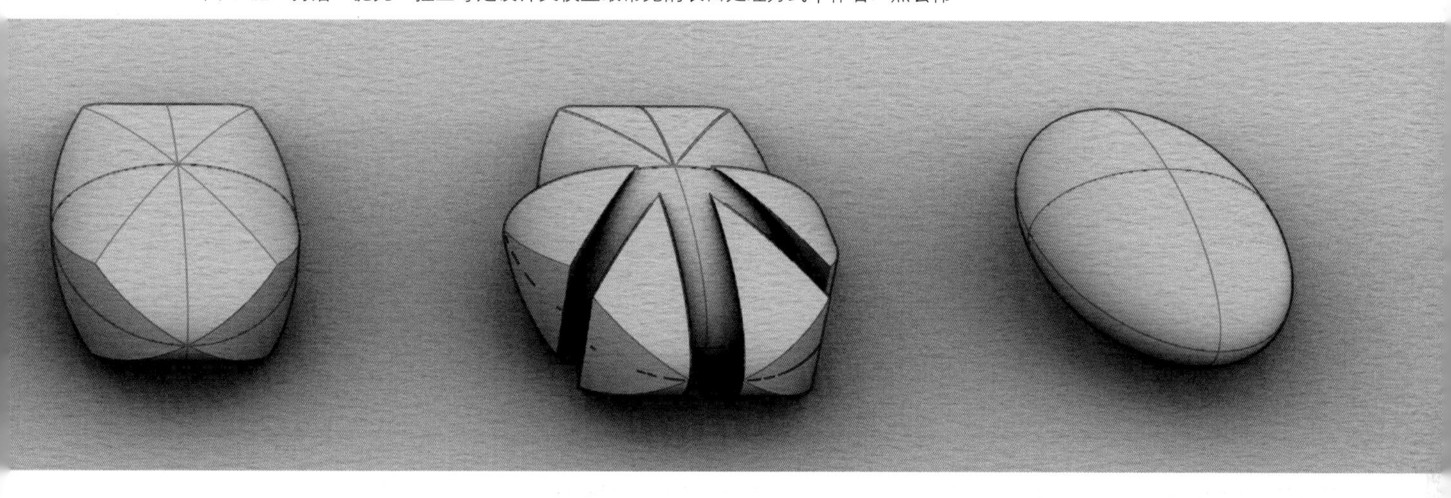

4.2 产品形态类模型塑造技法

4.2.1 课题设置

1. 内容与要求

该课题是对产品形态美感的训练，要求教师指定一套经典的产品形态设计图片，这类选题需为系列概念设计图片，具有优美多变的产品基础形态风格（图 4.13、图 4.14）。学生可在指定的产品形态图片范围内选定模型塑造参考形态，依据参考图片信息推导立体的产品形态特征，这需要较强的立体思维与观察能力；使用轻质材料塑造 3 个以上产品基础形态模型，须能体现产品的造型风格美感、人机尺度关系、整体概念等；着重推敲模型的线面变化、转折起伏等形态比例关系，并加以适当的变化和创新，这也是启发创新思维的基础。这类原型具有制作快捷、便于修改、成本低等特点，应根据课题形态确定模型适合的尺度和比例关系，选择适合的材料和工具，要求熟练掌握该类材料的特性及工具的使用技巧。

2. 目的与意义

该课题训练的目的是使学生深刻理解模型塑造对于产品设计推敲的意义，在形态塑造训练中培养设计思维，在变化中求得统一，理解并掌握形态设计的基本规律，提高对形体的感知和创造能力。

通过本课题训练，可快速地制作出有价值的产品设计形态模型，实质是根据所理解的线面轨迹用手里的工具切削打磨形态，用心控制力道，塑造刚劲有力的线、饱满的面、优美的体，创造出满意的形态。

3. 材料与工具

适合材料：50～100mm厚的挤塑板、发泡树脂板。

必备工具：裁纸刀、木锯、木锉刀、细油性签字笔、60～240 目砂布。

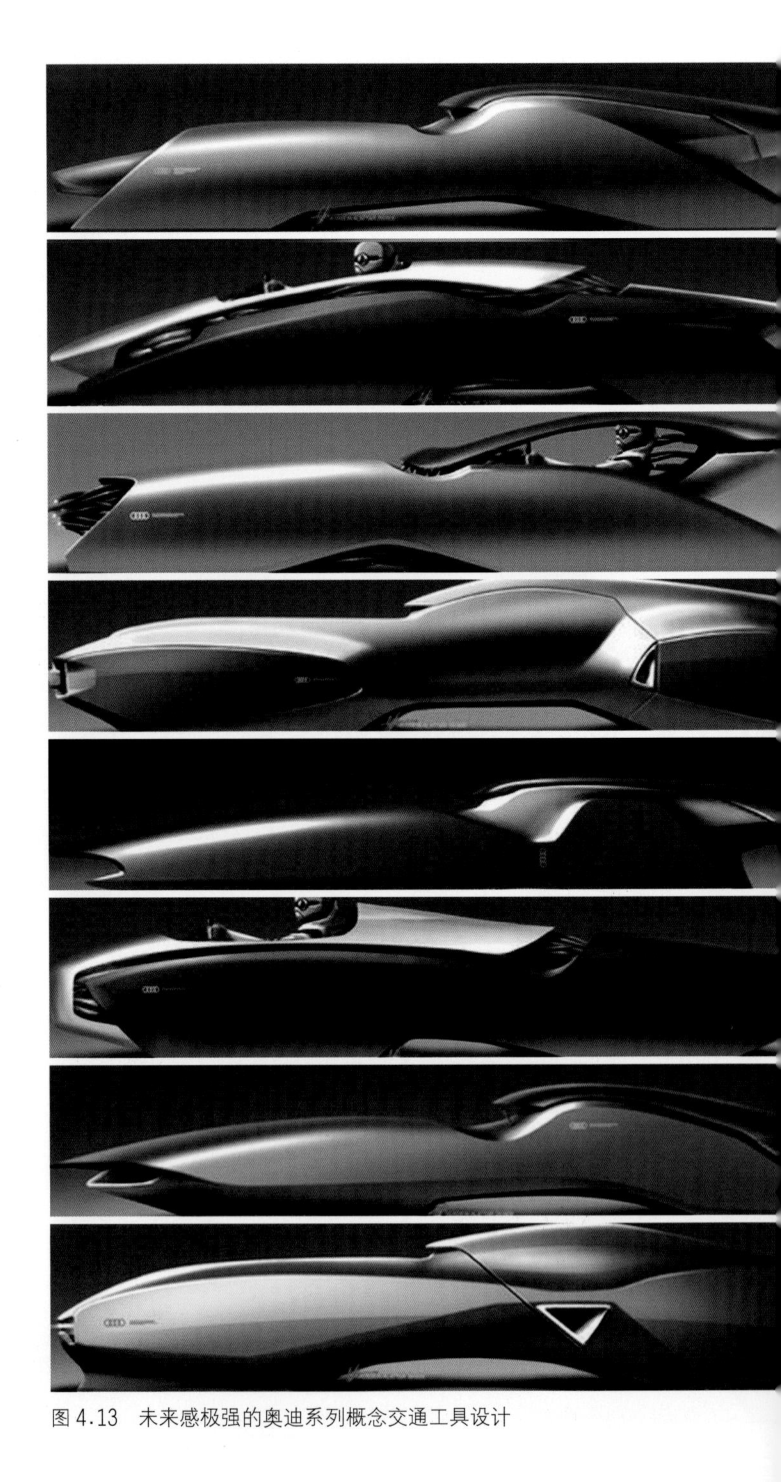

图 4.13　未来感极强的奥迪系列概念交通工具设计

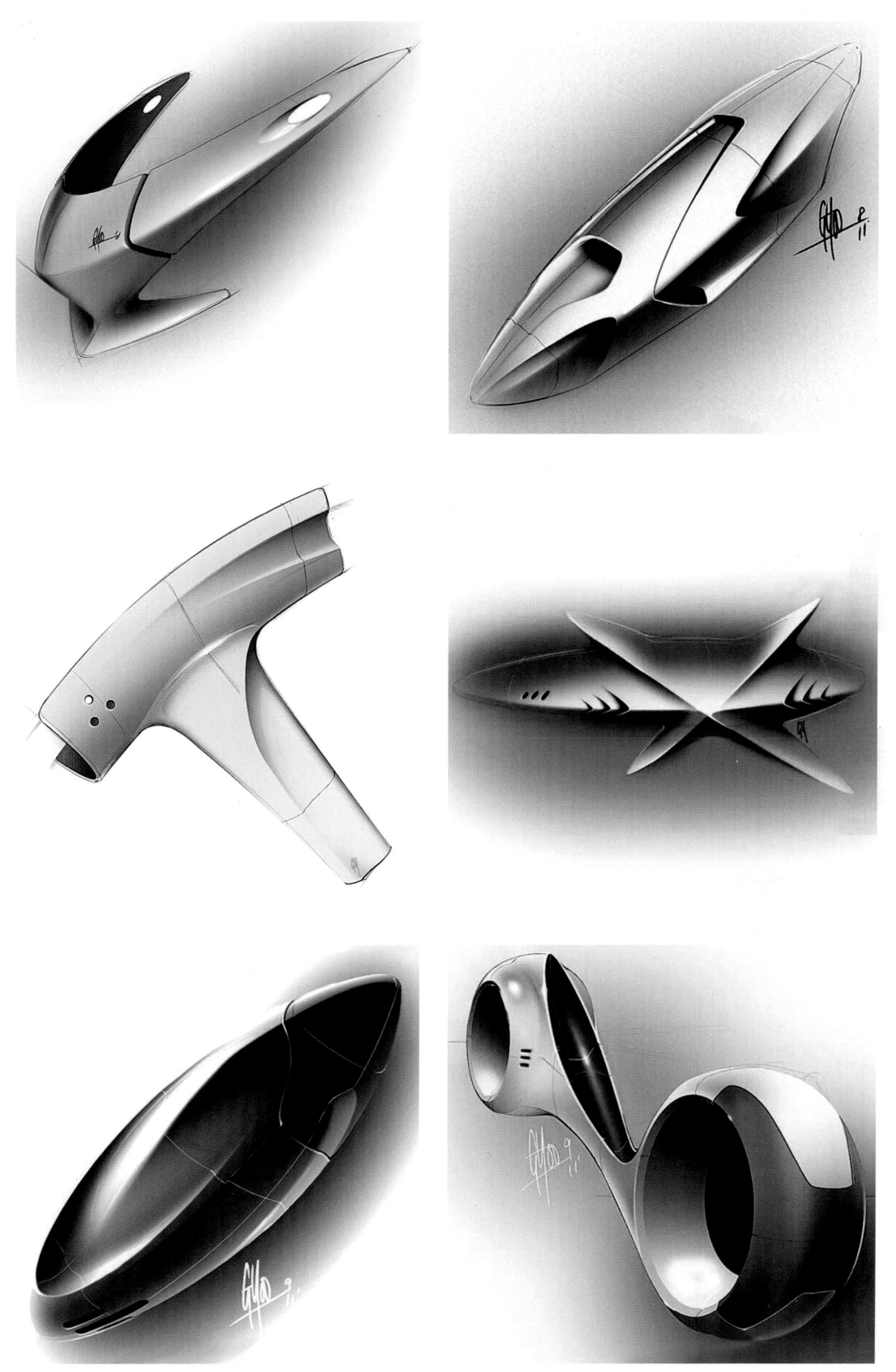

图 4.14　设计师乔治娜·查普曼绘制的产品形态，是可提高造型感知力的塑造课题

4.2.2 塑造技法

（1）根据形态参考图推导尺寸比例，在材料上选定或建立基准面、基准轴、对称中心面等形态特征，并画出整体大形态的视图轮廓。这里要强调的是：各视图轮廓线仅是塑造形态的参考，这些线形在产品形态上根本就不存在，而更为主要的参考是结构线、特征点，塑造时要综合把握这些参考（图 4.15）。

（2）按照主视图、俯视图、侧视图的顺序，依次根据视图轮廓线对材料进行初步加工，使用裁纸刀、木锯进行整体形态、大体块切割塑造。这里的初步加工通常也被认为是粗加工，所不同的是初步加工力求准确表达形态特征。在加工的过程中，先加工一个视图的轮廓，会破坏或磨损另一个视图的线形，需要及时补充特征线等关键点、线，同时注意形态的整体比例，以及局部与整体的关系（图 4.16）。

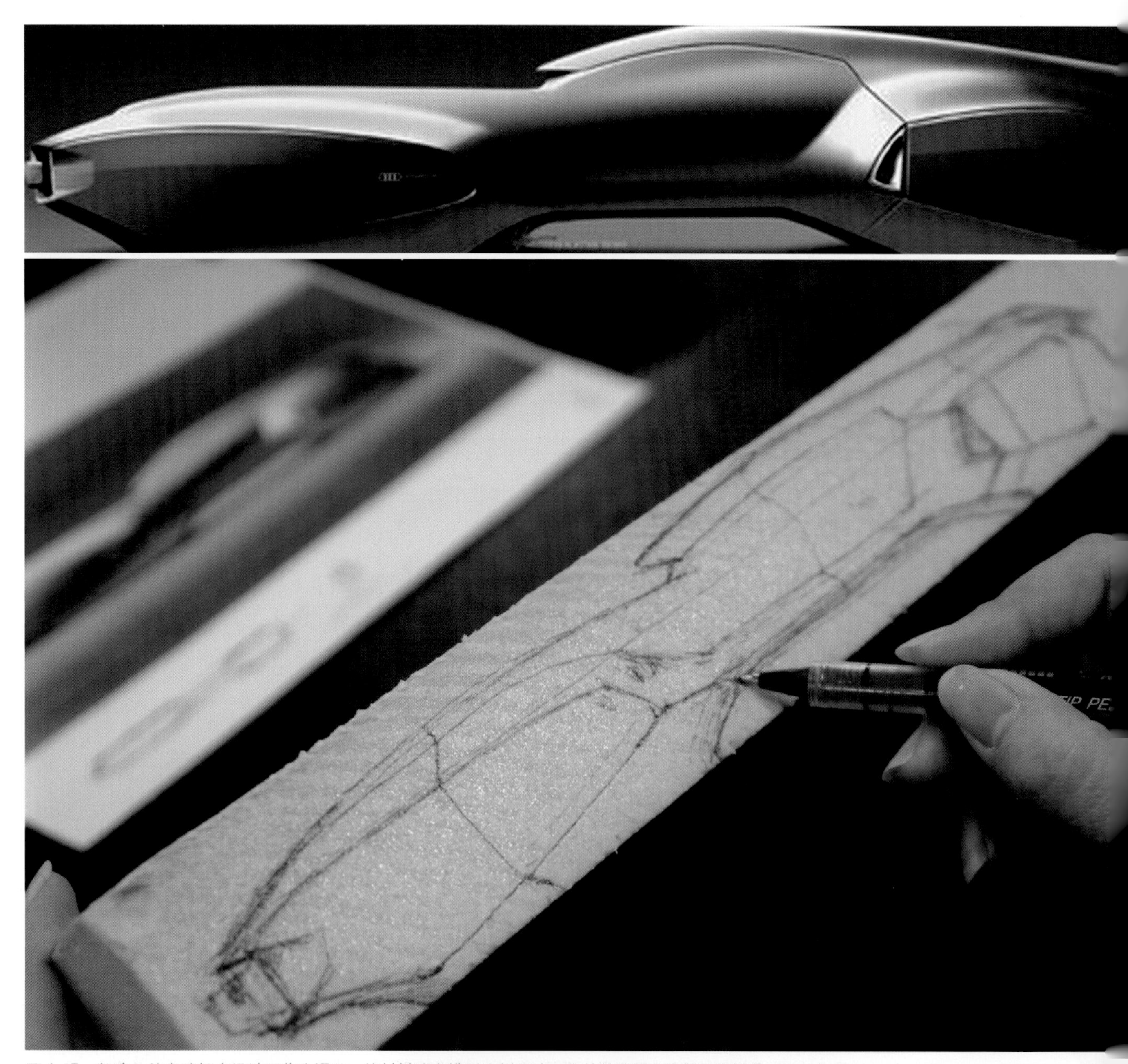

图 4.15　任选一款奥迪概念设计图作为课题，按材料确定模型比例尺寸，在其基准面上绘制主要视图

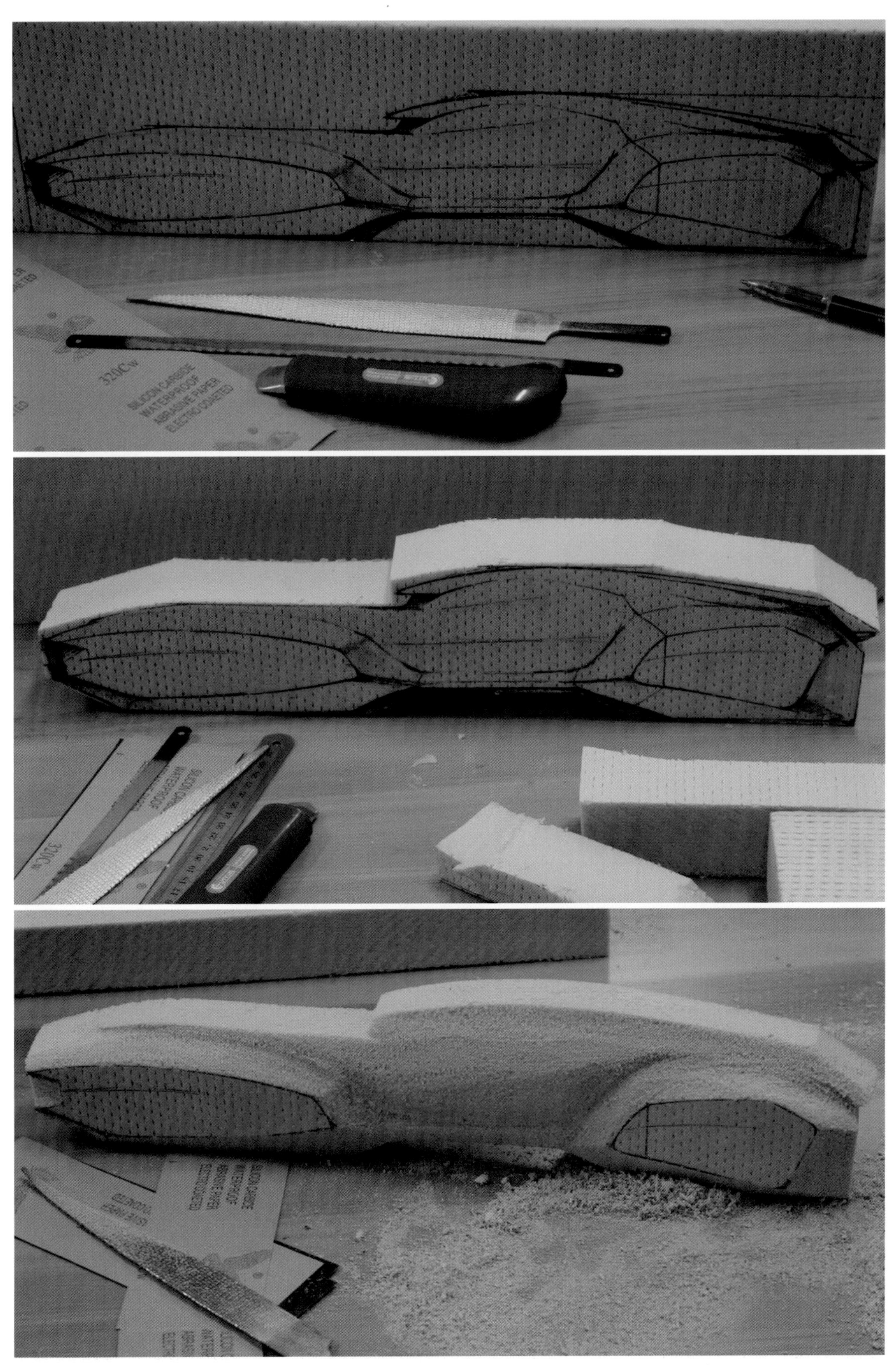

图 4.16　按照视图切割及磨削加工的基本流程与要领，将模型从二维图形向三维形态逐步塑造成型｜作者：焦宏伟

(3) 粗加工后，在模型上画出外形各部分的局部特征，使用木锉刀或小块砂布卷塑造形态。也可以直接使用工具逐步试探着挖掘局部形态，这一步骤要求具备形态的推敲和适时调整能力。就像考古探索一样，某些不确定性因素使塑造变得更为有趣(图 4.17、图 4.18)。

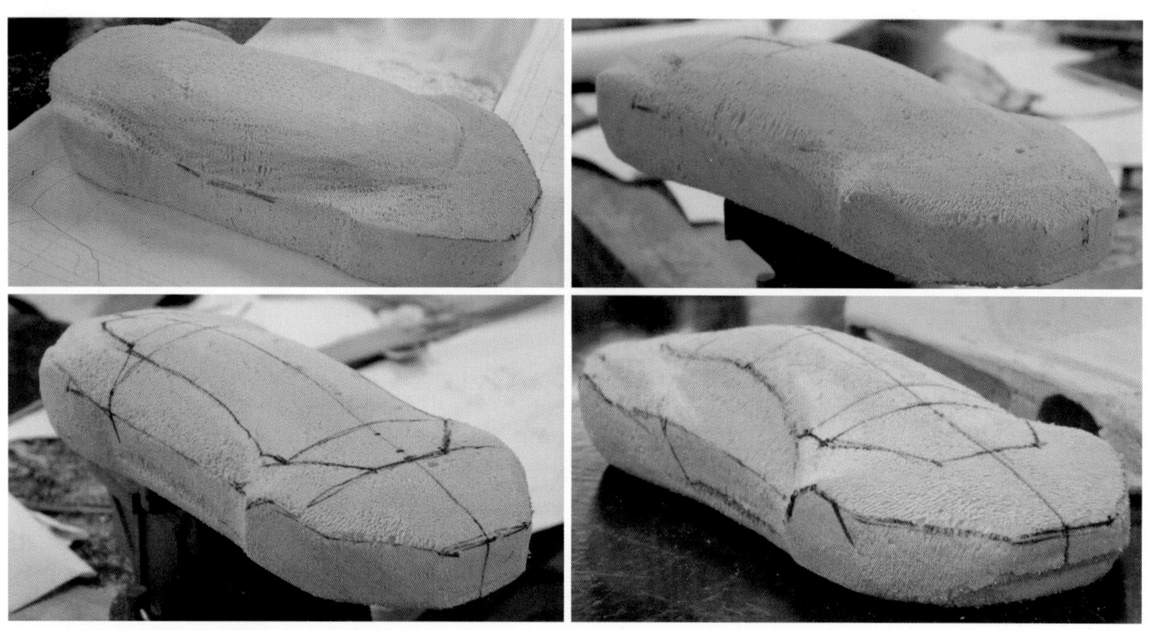

图 4.17　在三维形态逐步塑造成型的过程中，画线、切割、磨削是一个循环往复的过程 | 作者：王舜

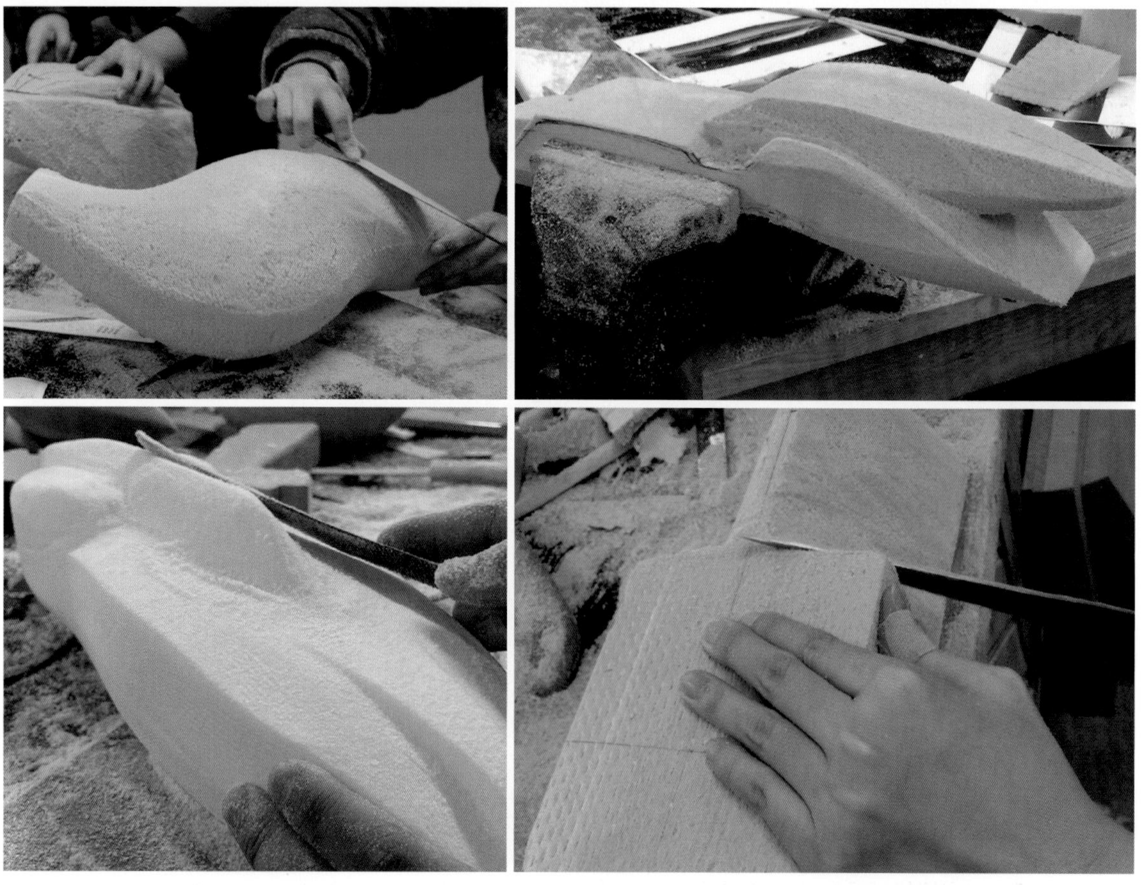

图 4.18　依次使用刀锯切割、锉刀磨削，逐步推敲形态的尺度与比例 | 作者：宁莹莹 伍飞 朱家毅 刘雅琪

(4) 整体与局部形态塑造完成后，再修整倒角及细节部分，并逐级使用海绵砂纸等打磨工具对其表面进行精细磨削。本课程要求学生完成一定数量的形态塑造，并熟练掌握形态表面和细节处理的方法(图 4.19、图 4.20)。发泡树脂等轻质材料较软，制作后的模型需要精心保留(图 4.21～图 4.23)。如有喷漆必要，可在形态表面涂敷一层立德粉腻子作为隔离保护层，待其干燥后先进行精细打磨，再进行喷漆着色处理，否则会受油漆侵蚀。

图 4.19 对同一课题的形态尺度与比例的推敲 | 作者：朱佳莉

图 4.20 对于多种课题的形态尺度与比例的推敲 | 作者：谢千惠 张启硕 尹小予

图 4.21　优秀的产品形态类模型塑造训练作品（材料：挤塑板、发泡树脂板）｜作者：马芊一

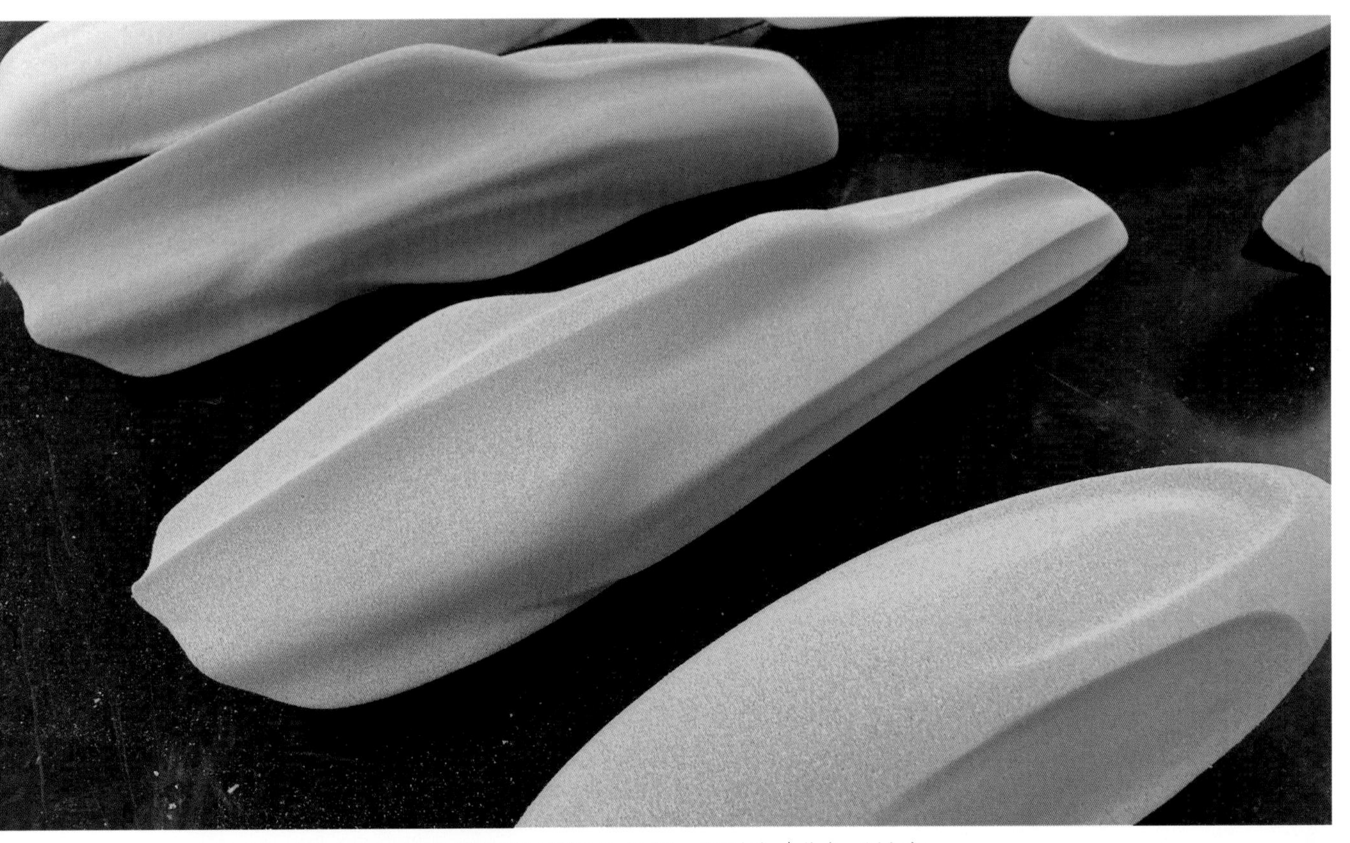

图 4.22　优秀的产品形态类模型塑造训练作品（材料：挤塑板）| 作者：刘东豪

图 4.23　优秀的产品形态类模型塑造训练作品（材料：挤塑板）| 作者：李津津

4.3 密度板模型塑造技法

4.3.1 课题设置

1. 内容与要求

从上一课题塑造的多个形态类模型中，选定一个作为密度板模型参考形态，并根据吸塑机或烤箱加工尺寸范围，重新推导恰当的尺寸比例。由于有了形态模型的参考，密度板模型形态的推敲思路变得较为清晰明确。要求熟练掌握密度板的特性及其工具的使用技巧。

2. 目的与意义

模型塑造是将参考形态塑造为更适合作为产品的基础形态，即更深入、更精准、更具美感价值、具有吸塑强度的形态模具(图 4.24)。

3. 材料与工具

适合材料：30mm 厚的密度板。应根据模型形态尺度等特征确定密度板的具体规格。

必备工具：0.5mm 自动铅笔、直尺、曲线尺、裁纸刀、木锯、木锉刀、60～240 目砂布、600 目砂纸。

图 4.24 密度板模型的作用是进一步推敲并确定产品形态尺度及比例，它是用作压型或吸塑的两开模具 | 作者：金亚东

4.3.2 塑造技法

密度板模型塑造主要会用到锯、锉、切、削、磨、刨等加工方式。其特点是：技法单一、不易掌握、操作较难。密度板磨削时会产生比较多的粉尘，需要及时清理或采取吸尘、洒水、降尘等措施，必要时须戴口罩。

(1) 30mm 厚的密度板是目前市面上能够采购到的最大尺寸，而多数产品形态的最小轴向尺寸往往大于这个尺寸，这时就需要先根据形态特征，垂直于最小轴向进行分层图形分析，根据分层图形的尺寸需要，切割所需密度板，再将各分层板材叠加粘接。

为增进对密度板模型分层问题的理解，可借鉴梯田的等高线概念，CNC 与 3DP 技术的实质也是基于分层技术产生并发展的。

密度板原始表面适合作为粘接面，台板锯的切割面适合作为形态在坐标系中的坐标原点、基本面、对称面等依据。

拼接密度板时，使用最多的是大力胶，粘接的两个表面都需要涂刷或刮胶，涂胶要薄、匀、全，约需 20min 充分晾干，一次性对准拼合并及时施压便可粘接牢固。约 24h 后粘接达到最大强度时，或用台虎钳夹紧粘接面时，才可进行大力度的锯切、修整打磨工作。如有打开需求的模具分割面，应使用双面胶带粘接(图 4.25、图 4.26)。

图 4.25　根据模型体积的拼接需要规划好粘接方式，认真阅读大力胶操作说明，在粘接区域内按顺序均匀薄刷大力胶

图 4.26　使用双面胶可更加方便地粘接拼叠密度板，并可根据分模需要再次将粘接面分开，拼接时，需对准留出加工基准面

（2）密度板形态塑造的原理及规则与基础视图塑造方法相通，都是按照由主及侧、由大到小、由直到曲、由粗到细的加工顺序来塑造的。首先，使用木锯和木锉修整外形轮廓，塑造出由单曲面构成的形体；然后，使用木锉及粗砂布等工具进行视图间双曲面的过渡塑形。经过分层叠加的材料粘接面可作为形态对称特征的重要参考依据（图 4.27、图 4.28）。

图 4.27　记录比较完整的密度板模型视图加工步骤｜作者：李昊

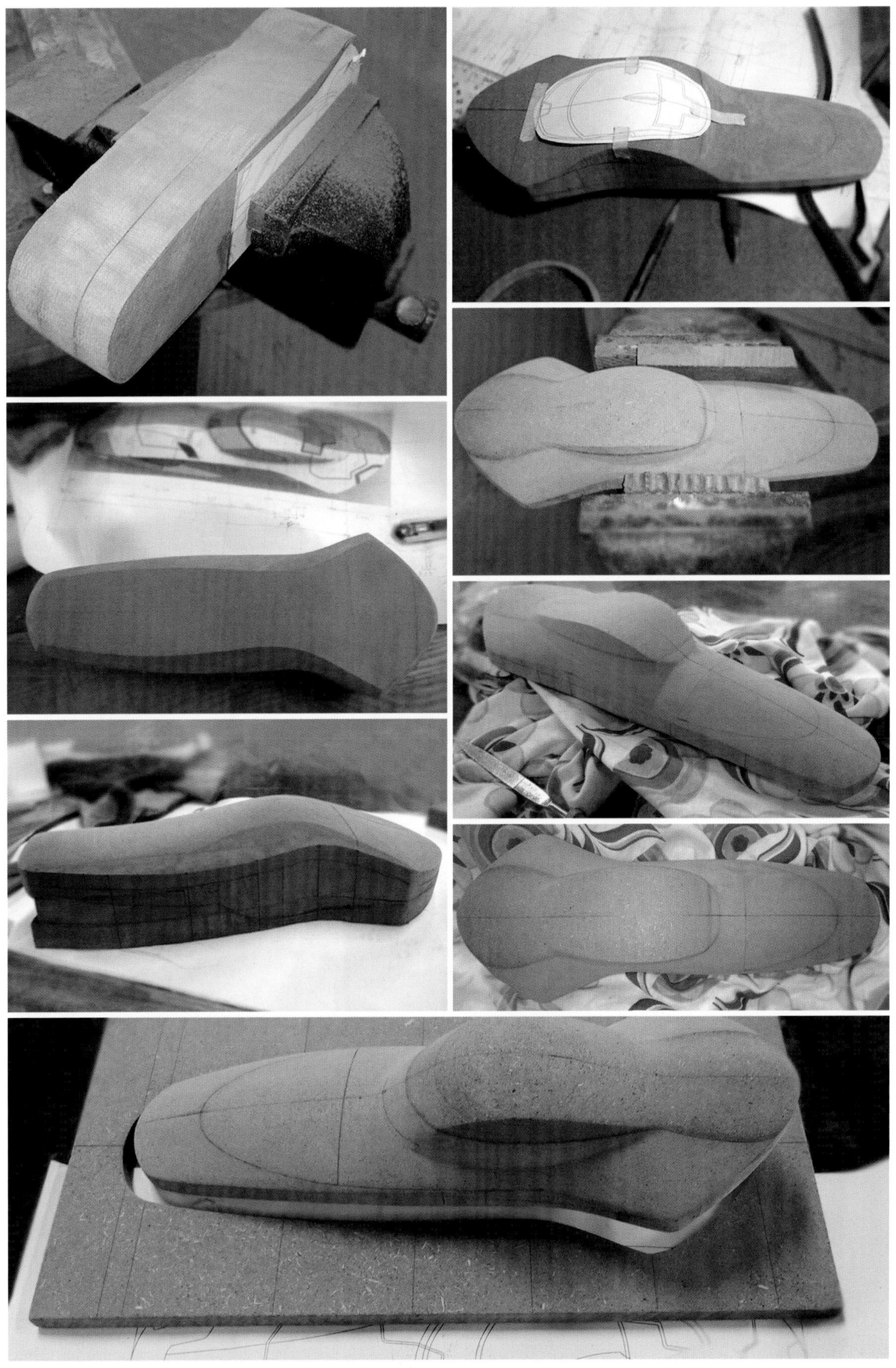

图4.28　按照视图加工方法塑造的密度板模型，制作程序严谨、工艺考究、整体性好 | 作者：张婷

(3) 根据设计尺寸，在拼接好的材料上用细铅笔结合尺规画出形态的原点、中心线、基准面等坐标，并画出形态的视图轮廓，然后按照视图进行切割与磨削塑造。由于密度板较泡沫板硬度要高很多，所以锯切磨削起来有一定难度，这对动手能力不强的学生来讲是具有挑战性的。因此，塑造过程中更要严格按照规范划线、掌握操作技巧，提高加工精准意识，减少粗加工的预留量，避免重复的、不必要的操作，以达到事半功倍的效果(图4.29、图4.30)。

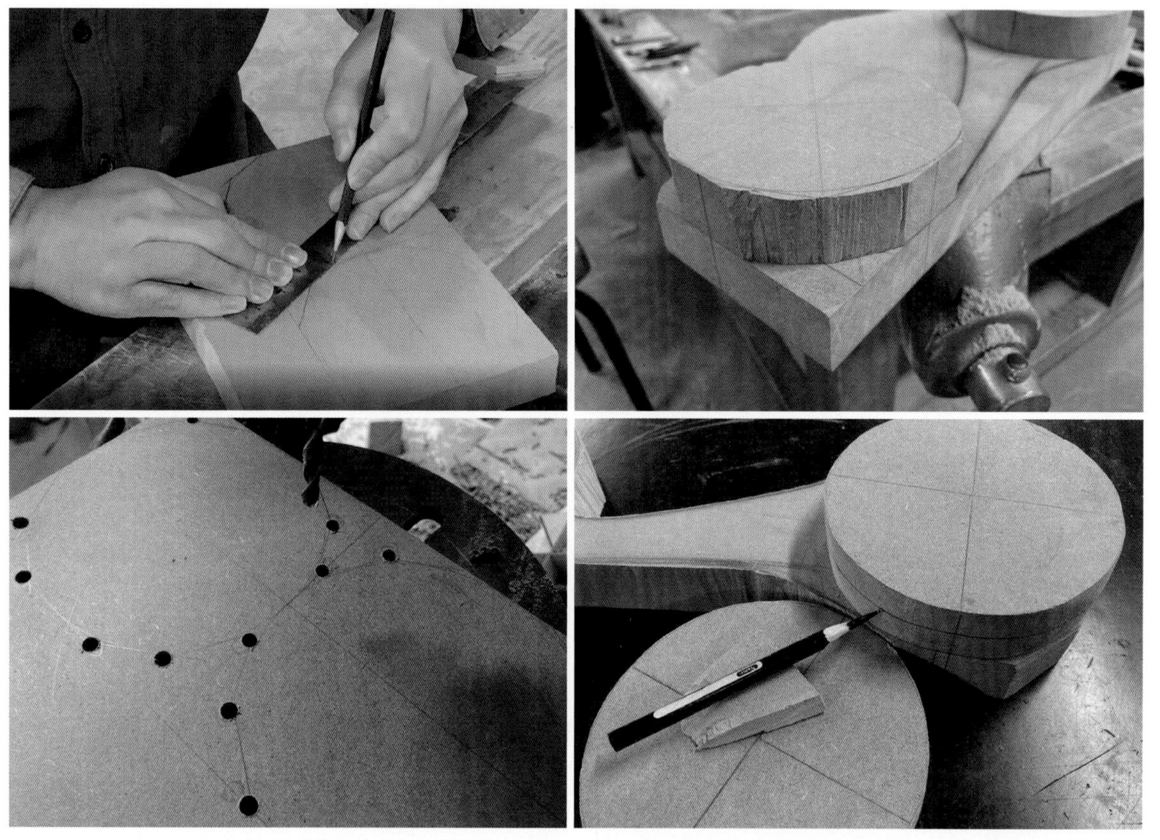

【参考线绘制与拼接技巧】

图4.29　正所谓“线是师傅”，划线是十分重要的步骤。划线、钻孔、锯切、粘接各环节的精准程度决定了塑造的效率与品质

【尺规绘制切割轮廓及钻孔】

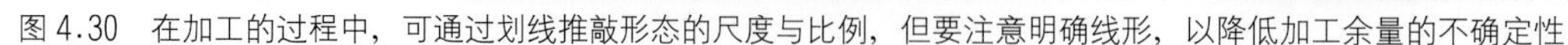

图4.30　在加工的过程中，可通过划线推敲形态的尺度与比例，但要注意明确线形，以降低加工余量的不确定性

(4) 锯切和锉削前模型的装夹要稳定，不能使工件变形，工件锉削面离钳口不要太远，以免锉削时工件发生振动。工件形状不规则时，要在加适宜的衬垫后夹紧。锯切时，无论曲直都要尽量贴近所绘线形；锉削时无论形态是平面、曲面，还是外凸面、内凹面，均要遵循交叉锉法。锉削姿势、力度与速度要适形调整，要灵活巧妙地运用交叉锉法（图 4.31、图 4.32）。

【密度板的锯切技法】

图 4.31　薄、厚、曲、直等不同形态的密度板的锯切技法

【密度板内凹面的锉削技法】

【密度板单曲面的锉削技法】

【密度板双曲面的锉削技法】

图 4.32 凸、凹、大、小等不同形态的密度板的锯削、锉削、磨削等技法 | 示范：焦宏伟

(5) 该课题形态适用于热塑压型或吸塑的模具，密度板模型表面与 ABS 热塑壳体表面存在一层热塑板材厚度的差异，ABS 壳体通常会比密度板模型多一层板材厚度，线面也会变得更圆润、更钝。因此，要根据 ABS 最终形态需求，适当加大密度板模型的线角锐度(图 4.33)。

图 4.33　根据热塑形态的效果需要对密度板模型局部棱线进行加强塑造

(6) 在整体基本完成的密度板形态上，先使用 80 目粗砂布研磨，再逐级变细至 600 目细砂纸研磨，在其表面逐渐变得细腻光滑的同时，需要注意其平顺度。如果采用手工热塑压型方式，则要在原型模具完成后，使用有一定强度的板材制作套模，其内轮廓是依据原型模具下压方向的投影轮廓向外偏移一个板材厚度的尺寸形成的（图 4.34）。

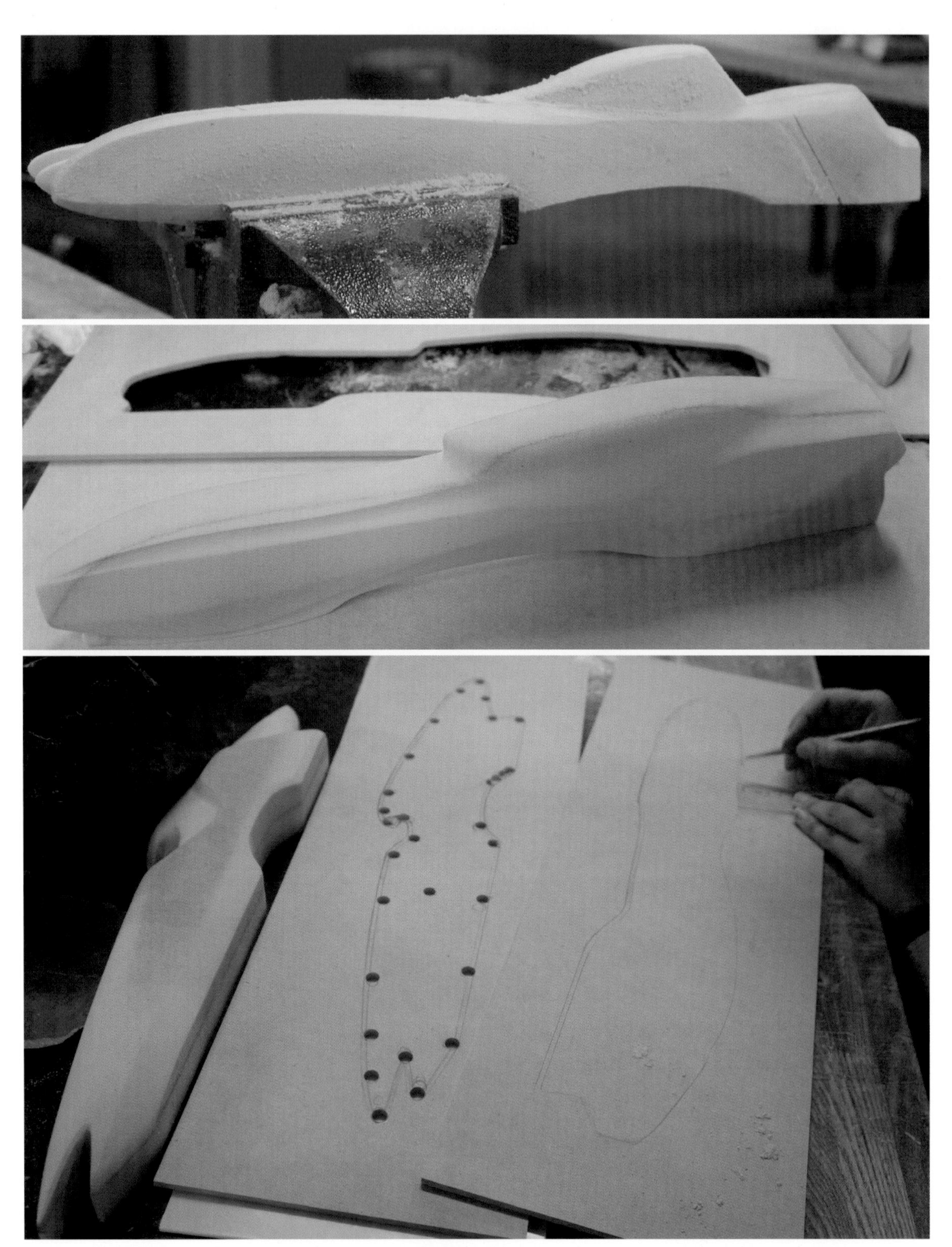

图 4.34　密度板模型的塑造与手工压型套模的绘制、加工

(7) 密度板模型作为吸塑原型模具，要有合理的分模面、适宜的脱模角度。在单块模具上，垂直于分模基准面的部位可做丘陵、梯田类形态，不可做悬崖、屋檐类形态。经过分层叠加的材料粘接面可作为形态中心线、分模面的重要参考依据(图 4.35、图 4.36)。

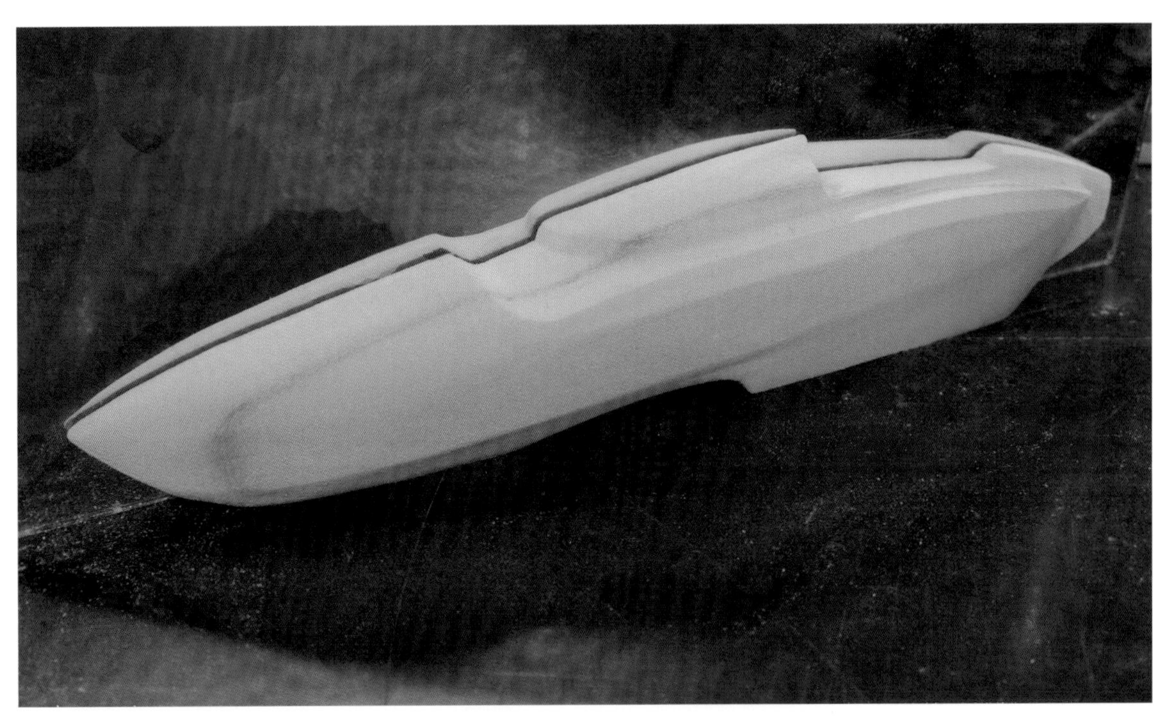

图 4.35　如果密度板模型仅为一半的形态，可通过镜面反射原理观察模型整体的比例关系

图 4.36　如果密度板模型为整体的形态，在吸塑前需要利用台钳的剪切力沿着双面胶粘接的中心对称面将模型一分为二

(8) 因密度板强度有限，不能够将形态塑造得更细薄，所以小于 ABS 板材厚度的形态细节，以及产品上的孔、缝隙、薄壳等特征不需要加工。如勉强塑造，吸塑时也很难清晰再现，甚至会适得其反，塑造出不好的形态。而这些细节在 ABS 热塑壳体上，比较容易通过二次加工实现。因此，在修整模型的表面质量后，即可完成模具的塑造(图 4.37～图 4.40)。

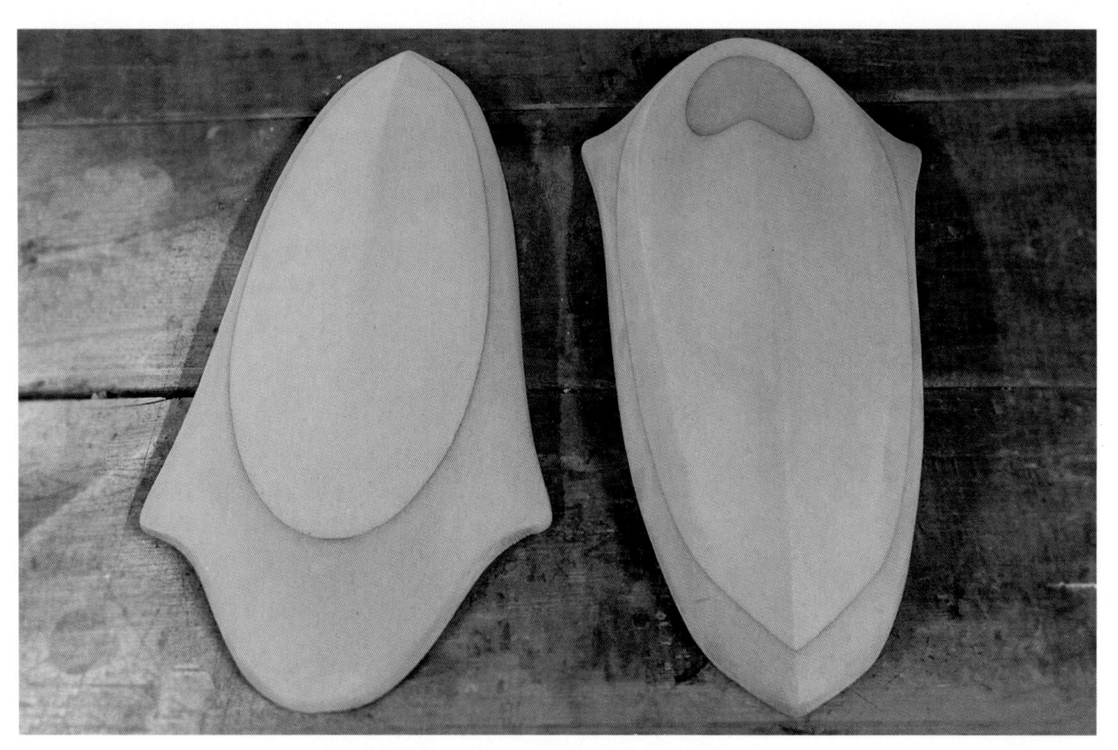

图 4.37　塑造完成的上下两开密度板模型模具，形态上粘接面形成的轮廓线是很好的对称参考线 | 作者：朱佳莉

图 4.38　塑造完成的左右两开密度板模型模具，形态上粘接面形成的轮廓线是很好的特征参考线 | 作者：孙彬

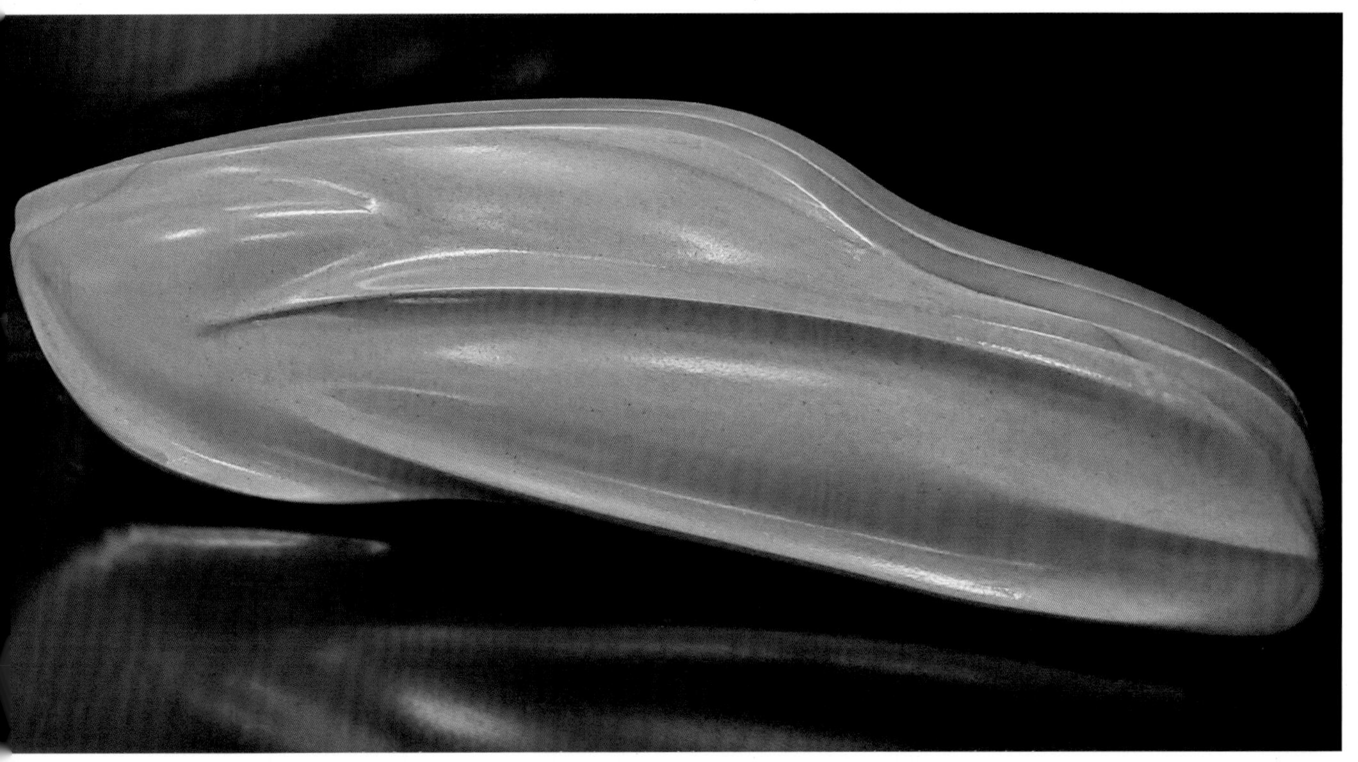

4.39　塑造完成的密度板模型，可根据强度、美观、修补、保存等需求，对模型进行浸胶或喷漆等表面处理 | 作者：李佳泽

4.40　塑造完成的整体形态比例匀称、表面光顺、棱线清晰、线面过渡流畅的密度板模型 | 作者：赵龄皓

4.4 ABS 壳体模型塑造技法

4.4.1 课题设置

1. 内容与要求

本课题以上一课题的密度板实体模型为模具，通过烤箱或吸塑机进行 ABS 全曲面壳体的热塑成型（图 4.41）。要求掌控设备的加热时间、温度规律，以及压制与吸塑技巧；再对壳体进行裁边修整、结构装配、细节塑造、打磨喷涂等操作。要求掌握模型装配缝隙、孔、键等细节的塑造技巧。复杂曲面适合热塑成型，而产品形态的平面、单曲面及细部构件，则不需要压模或无法压模，可直接采用平面裁切、立体拼接、弯曲、锉削等加工方式塑造。在壳体模型的后期制作过程中，必须熟练掌握各形态特征的塑造技法，熟练掌握材料特性和刀、锯、锉、胶等工具设备的安全使用技法。

2. 目的与意义

本课题是将产品形态的实体模型向壳体模型转化，学生通过对最接近真实产品的壳体模型的塑造实践，来体会产品造型设计中线、面、体之间的变换规律与设计风格。本课题实践可以提高学生对产品设计形态特征、功能结构、生产工艺、加工精度等的理解能力，提升其对产品设计模型的综合表现能力。

3. 材料与工具

适合材料：厚度为 2～3mm 的 ABS 板或各种颜色的亚克力板。规格应依据设备加工范围而定，通常为 500mmX500mm。

设备工具：恒温干燥箱、吸塑机、热塑枪、自动铅笔、直尺、曲线尺、裁纸刀、钢锯、502 胶水、三氯甲烷、钳工组锉、800 目以上的水磨砂纸等。

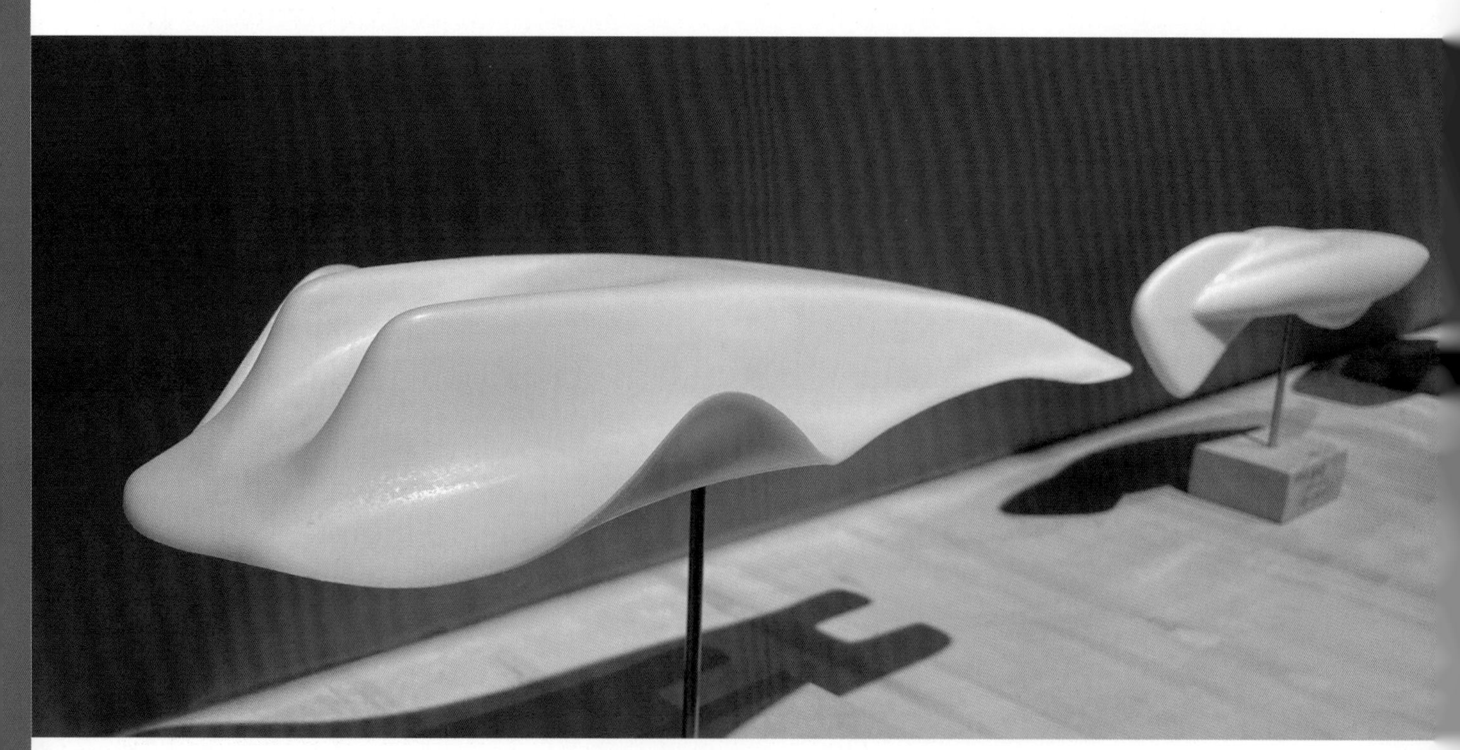

图 4.41 以上一课题的密度板实体模型为模具经热塑成型的 ABS 壳体模型 | 作者：赵良元 李杼航

4.4.2 塑造技法

1. 手工压型

通过密度板模型模具手工压塑壳体模型时，通常还需要用九厘板或薄密度板制作套模板来辅助压型，套模板的内轮廓为模具下压方向的视图轮廓线向外偏移壳体厚度尺寸的图形，其外轮廓为内轮廓向外偏移 30～50mm 的图形，以保证强度为准，偏小为好。套模板制作好后，将密度板模型模具底面部分适当垫高 10～30mm，并将其稳定置于平整的操作台上待用。

将 ABS 板水平放入电烤箱使之受热变软，待 ABS 板达到所需的软度时迅速将其从烤箱中取出。为避免烫伤，需戴手套或使用钳具夹持操作，需两人配合将烤软的 ABS 板抻拉、绷平放在模具上方，由另外一人持套模板，事先对准模具轮廓，用力使 ABS 板向下套紧模具，待壳体稍微冷却定形后取出模具，完成压型操作，然后进行后续的裁切与拼接（图 4.42～图 4.45）。如因温度、时间、配合等问题导致压制形态不理想，可将 ABS 板重新加热，待其变软恢复平整后再次进行压制，如有局部瑕疵可使用热塑枪进行局部加热重塑。

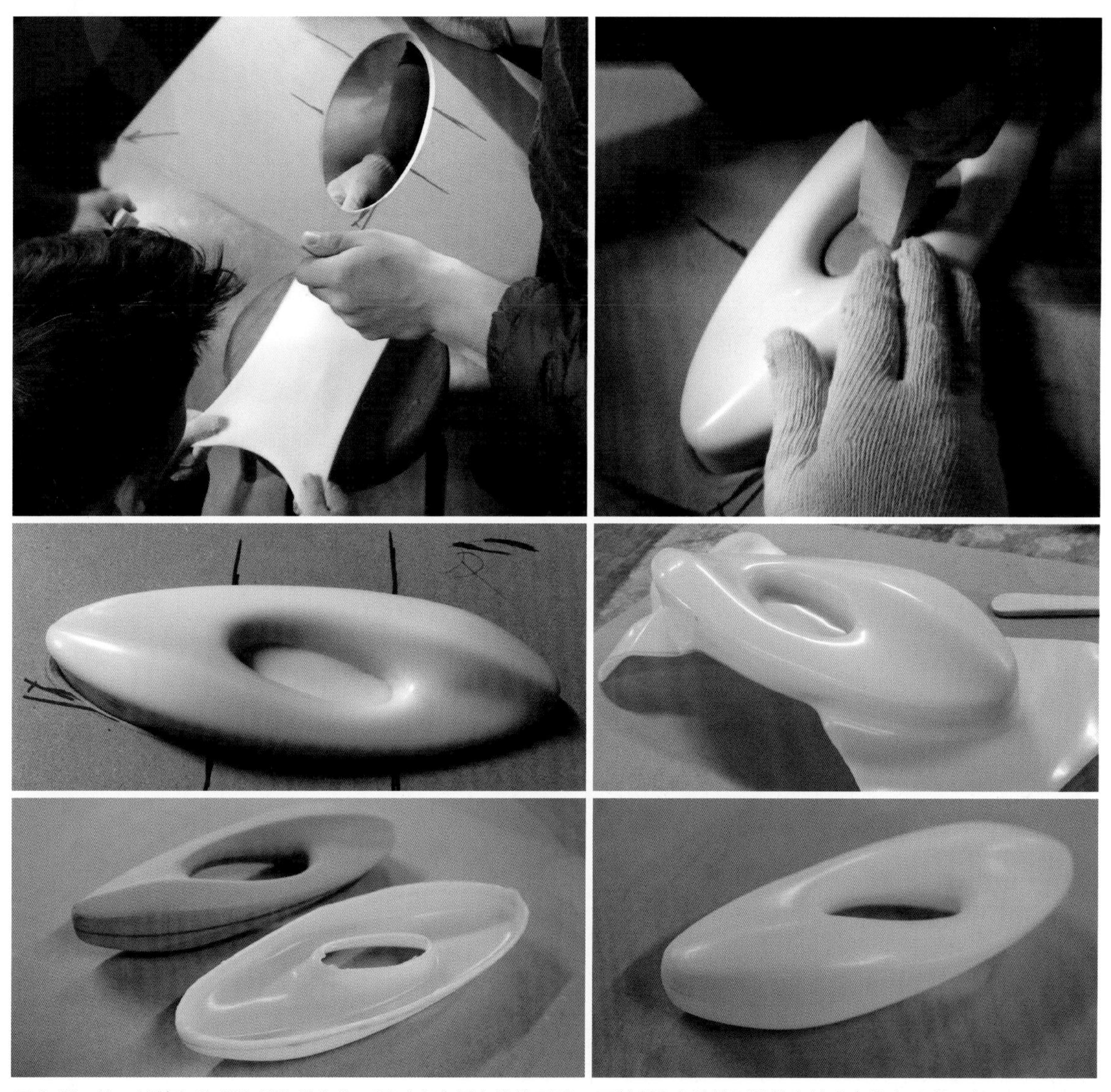

图 4.42　使用烤箱加热 ABS 板使其变软，通过密度板实体模型手工压制 ABS 壳体模型的基本技法 | 作者：金亚东

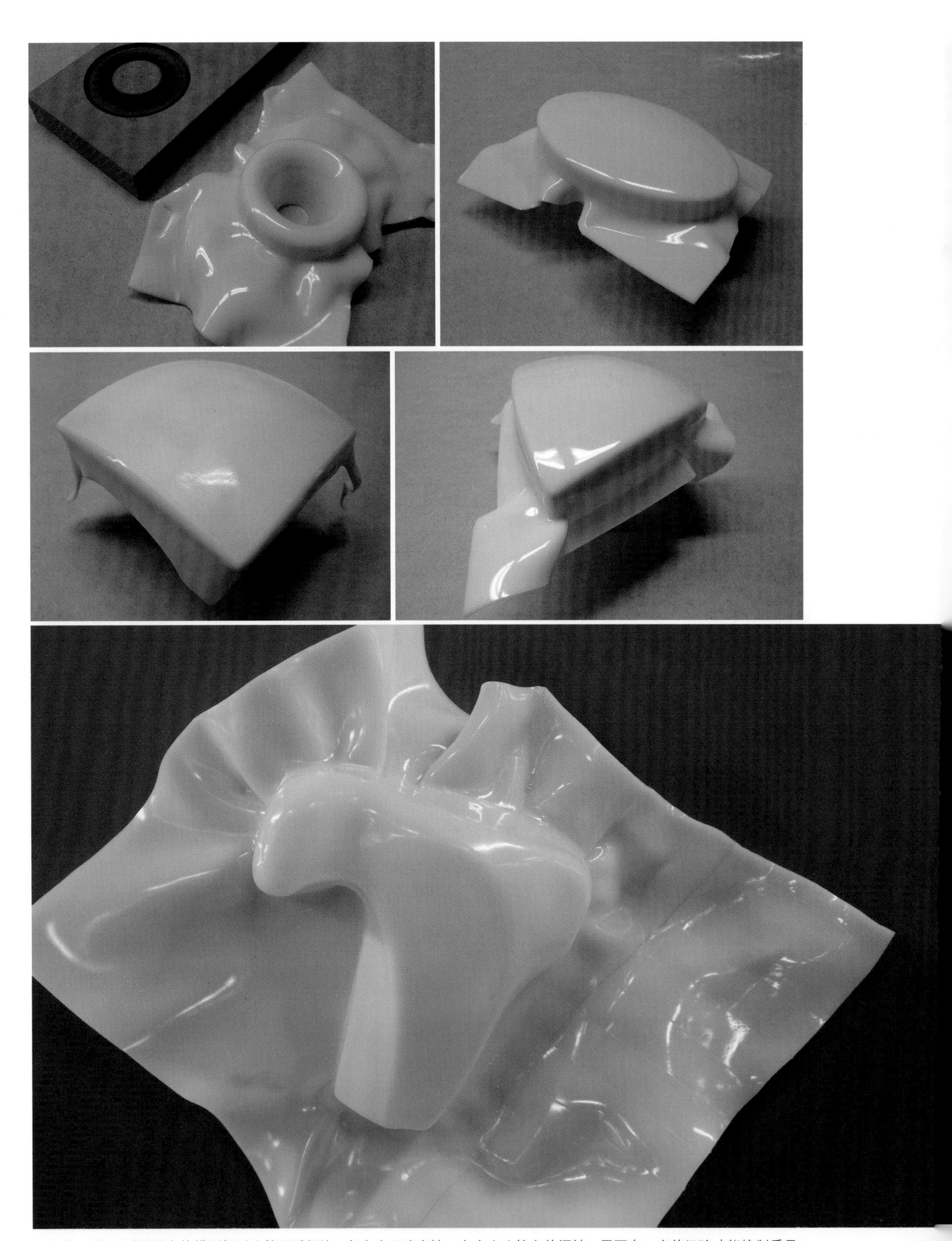

图4.43　手工压制ABS壳体模型相对比较灵活便捷，但存在不确定性，会产生比较多的褶皱，需要有一定的经验才能控制质量

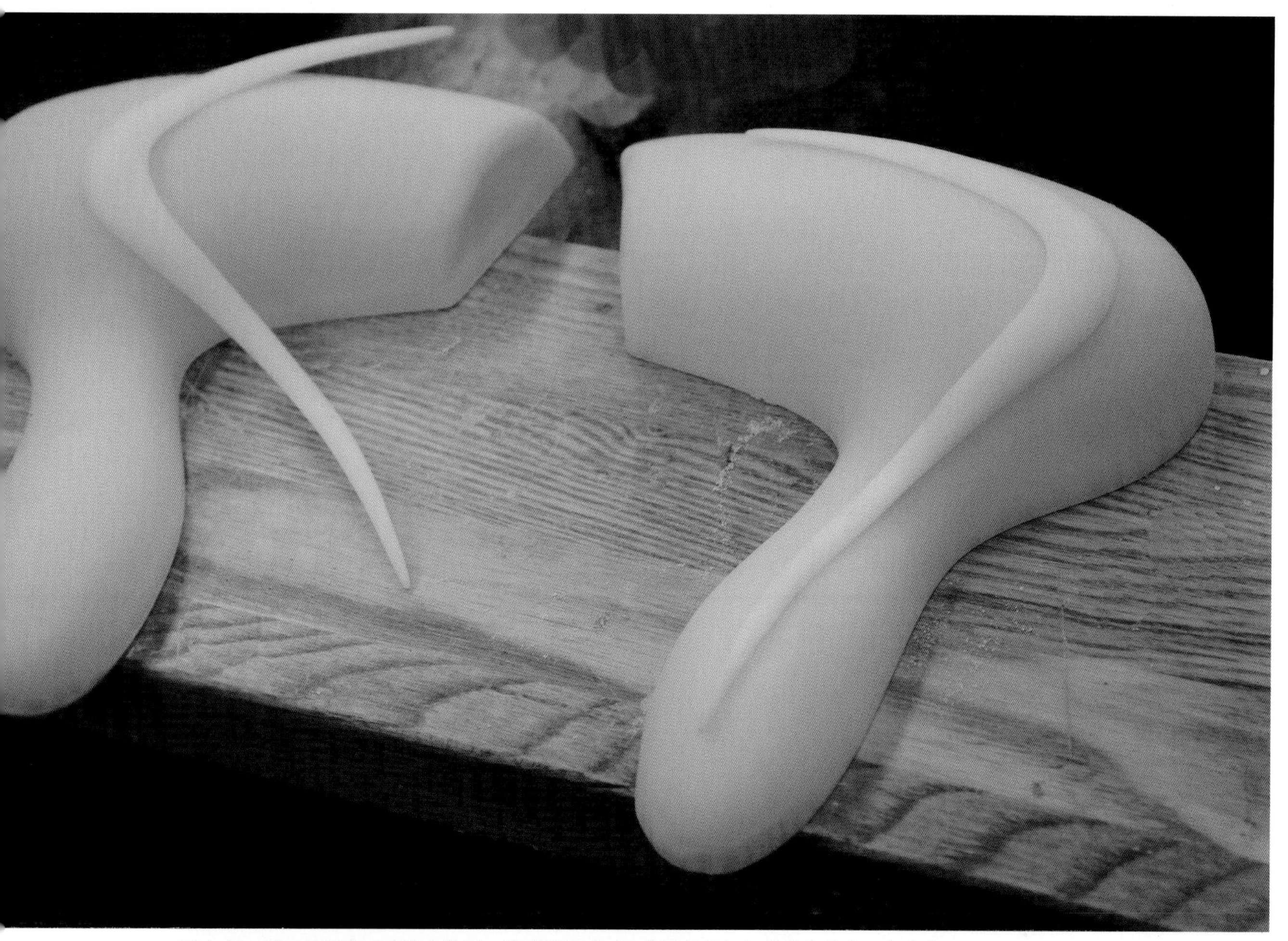

图 4.44　手工压制完成 ABS 壳体后，按模型要求对壳体进行裁切与修整 | 作者：张秋艺

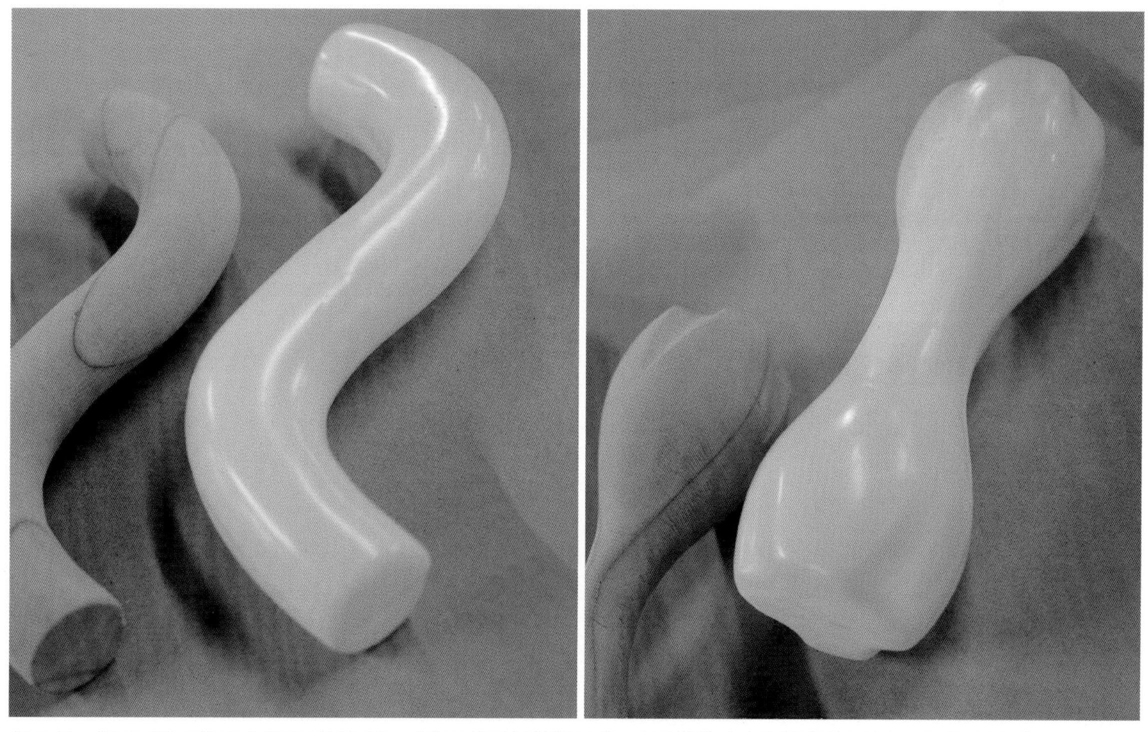

图 4.45　手工 ABS 壳体多为两开模具压制，经裁切修整后拼接而成，适合塑造中小体积模型 | 作者：苏悦 刘嘉琪

2. 设备吸塑

为提高 ABS 壳体压型质量及工作效率，可采用吸塑机进行壳体吸塑。吸塑机的工作原理及程序与手工压型基本相通，需学习设备操作方法与安全规范。以设备建议参数为基础，进行加热温度由低到高，时间由短到长设定的相应实验，操作人员必须时刻观察 ABS 板的形变情况，通过观察来控制加热管的开关数量、区域和时间。在实践中探寻操作规律，可高效率、高质量地完成壳体模型的吸塑操作（图 4.46～图 4.51）。

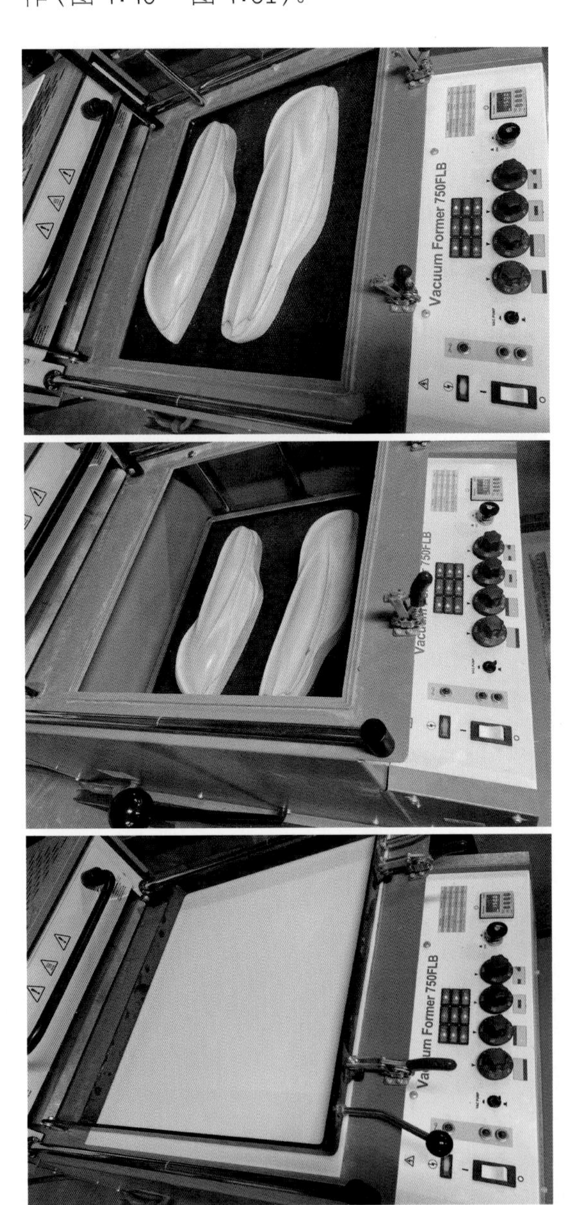

图 4.46　在吸塑机的工作区内均匀摆放并下沉密度板模具、夹紧 ABS 板，根据板材性质及厚度设置好加热时间

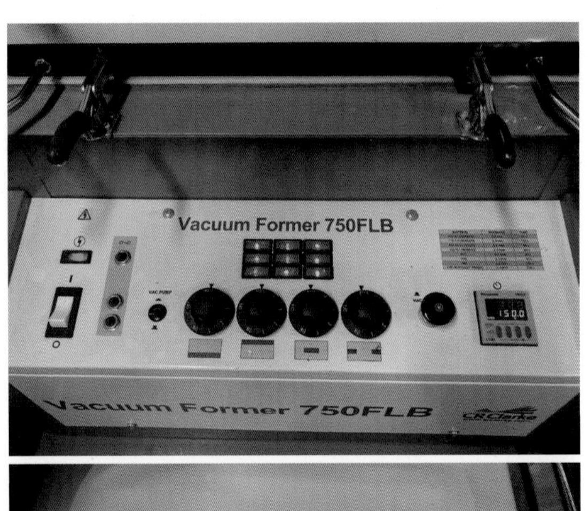

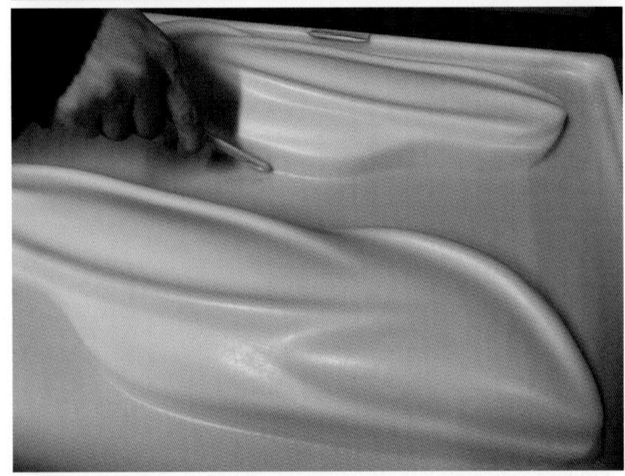

【ABS 壳体设备的吸塑技法】

图 4.47　通常 3mm 厚的 ABS 板加热 150s 即可变软，升起模具同时抽真空，可使 ABS 板吸附于密度板模具

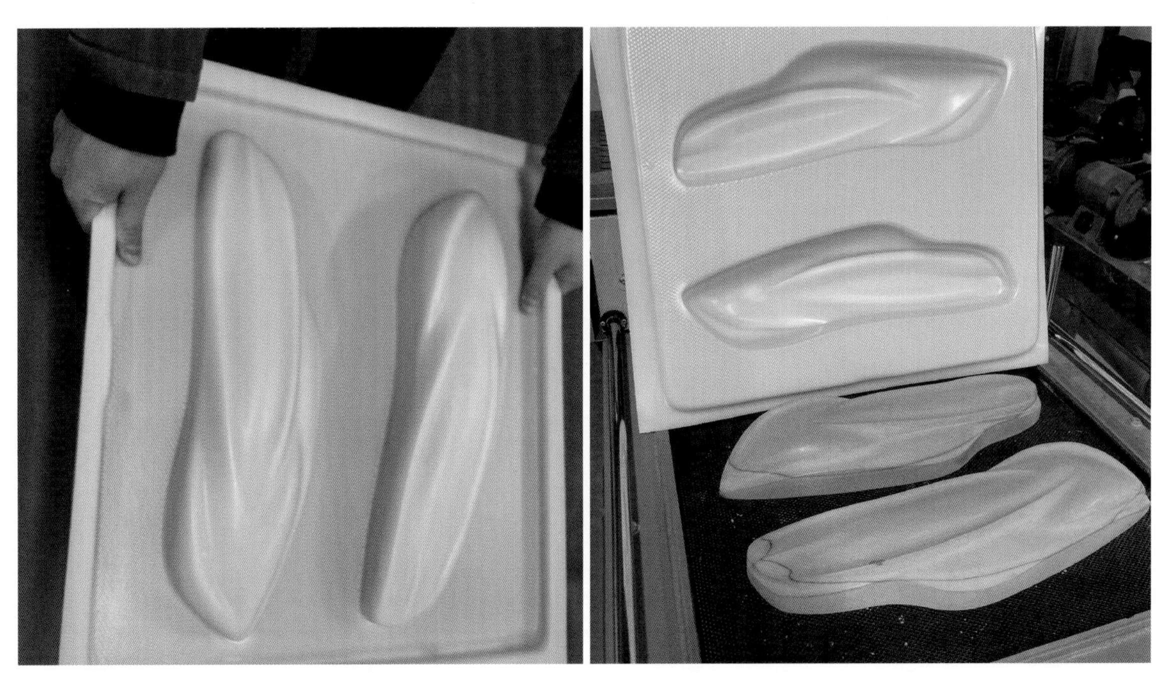

图 4.48　吸塑完成的 ABS 壳体模型，如果脱模角度较小，会使 ABS 壳体与密度板模型的分离变得困难，需要靠磕碰震动分离

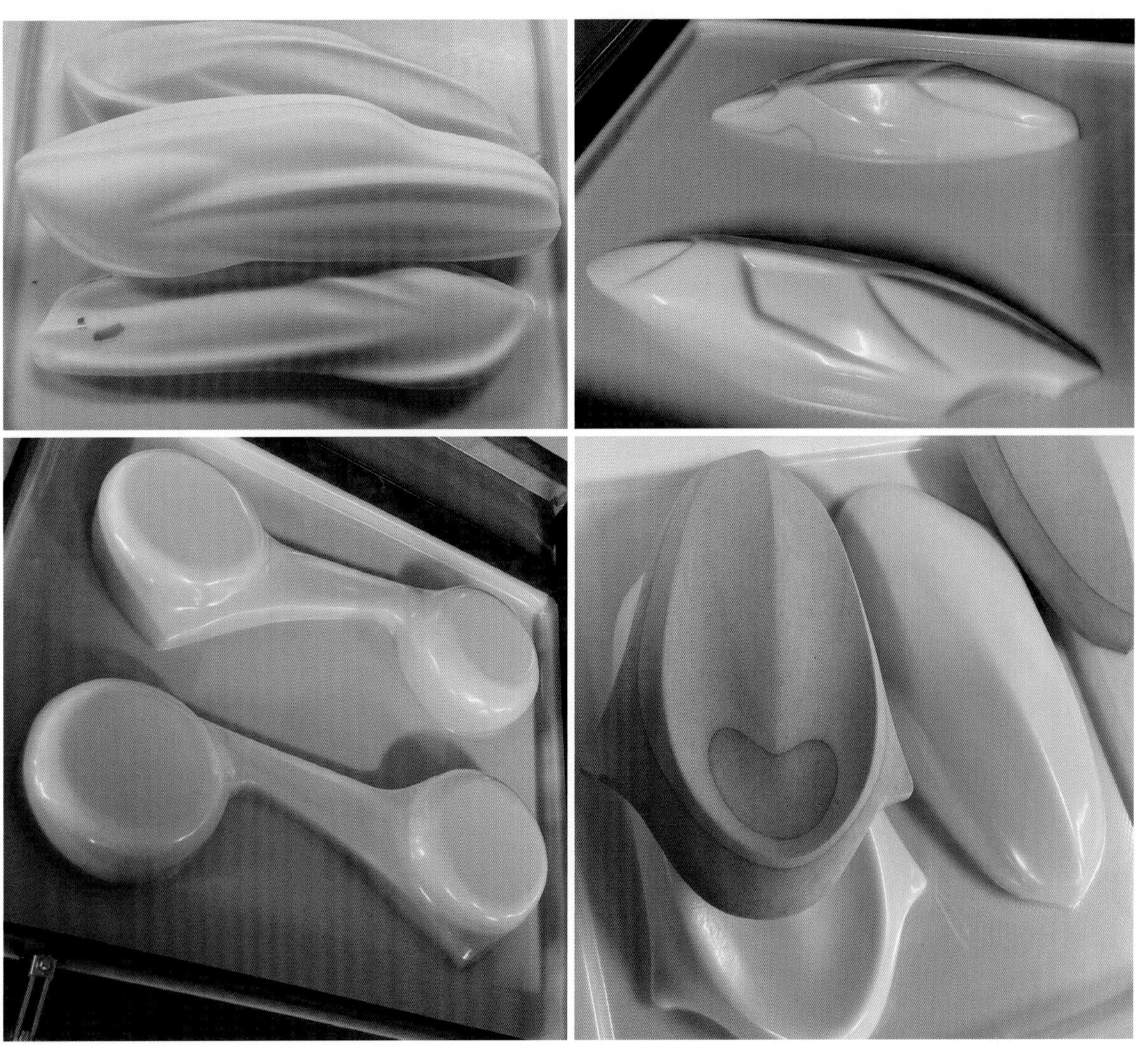

图 4.49　吸塑的拉深高度与脱模角度比较合适的密度板模型与 ABS 壳体 | 作者：李佳泽　孙彬　田景宇　朱佳莉

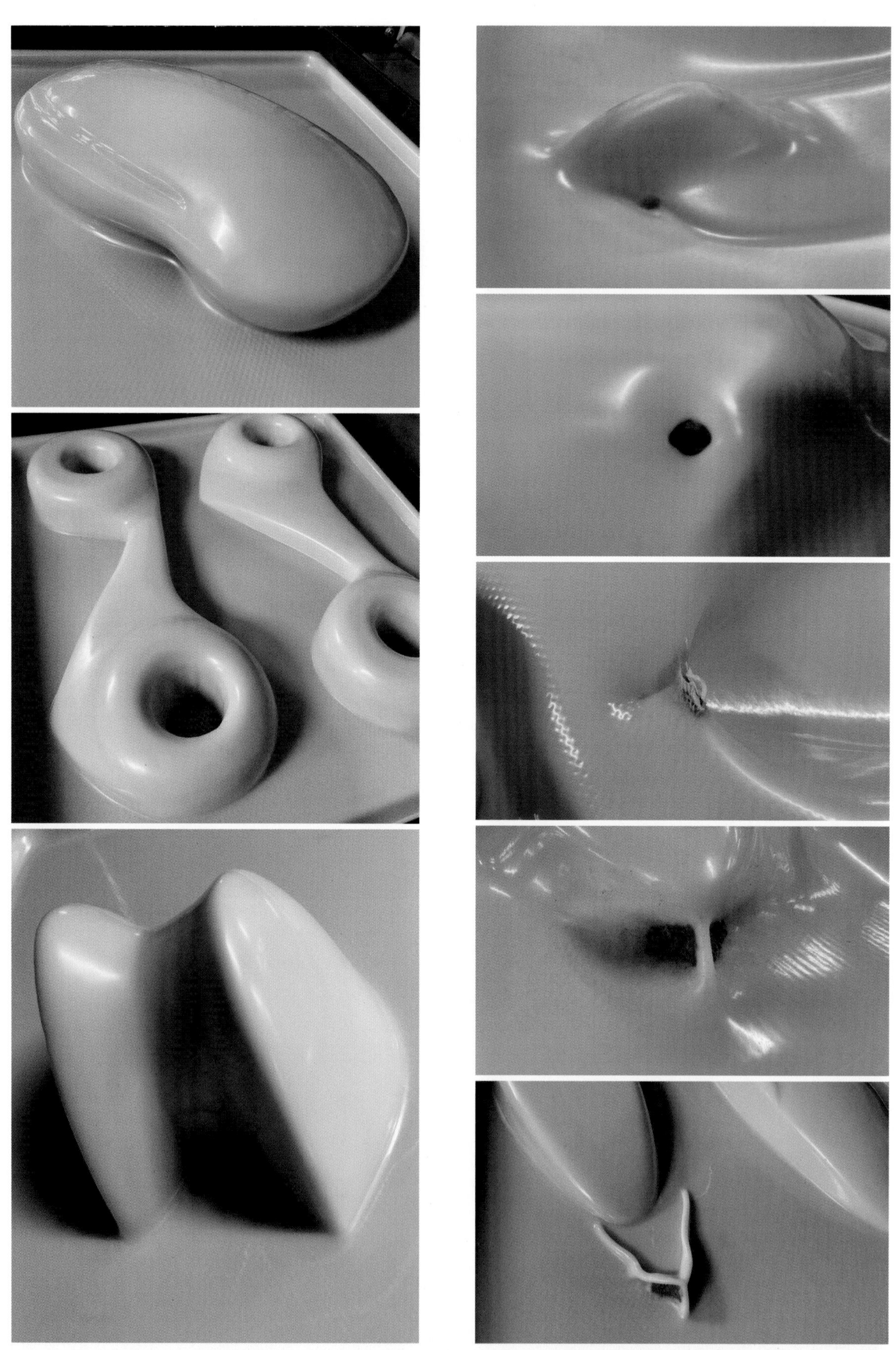

图 4.50　无脱模角度与拉深高度偏大的吸塑效果，容易出现 ABS 壳过薄或被吸爆，以及原型无法取出的失败现象

图 4.51　因密度板模型有较大负角导致 ABS 壳被吸爆的现象，可使用 502 胶水固化粉末补洞，重启吸塑过程

3. 裁切修整

热塑后的壳体模型会有多余的边缘材料和褶皱，需按形态设计的分模线将余料切除。通常一个产品壳体模型至少会由两个壳体扣合而成，多数壳体模型还会根据设计要求细分成更多的部件，可使用刀、锯、锉、砂轮等工具对各部分壳体进行裁边修整，达到平直光顺、严密吻合的拼接要求（图 4.52、图 4.53）。

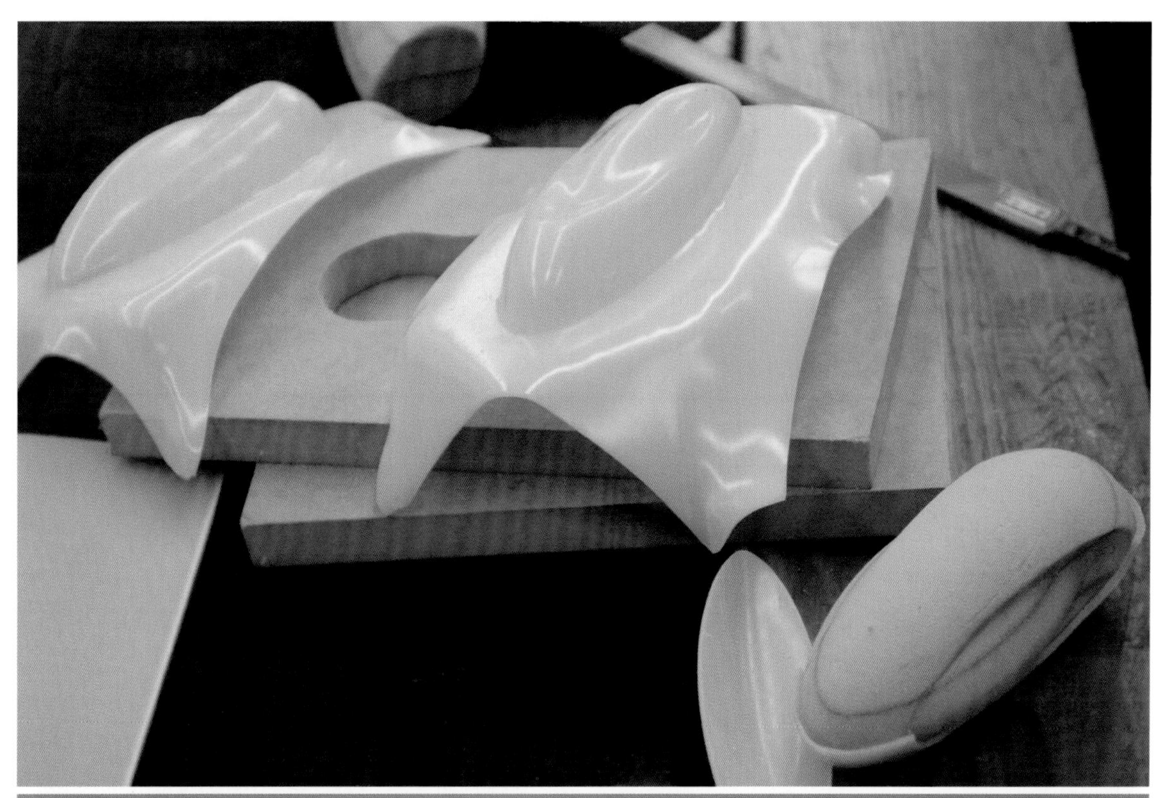

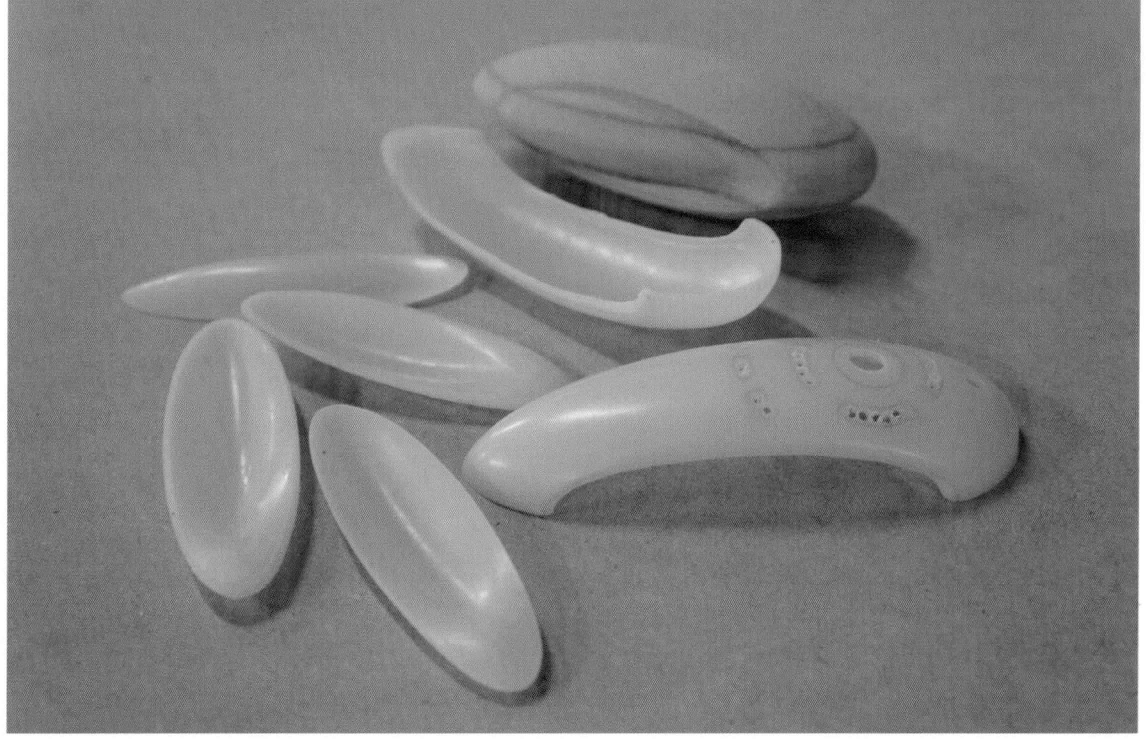

图 4.52　手工压制 ABS 壳体模型多部件的裁切与修整 | 作者：高郁

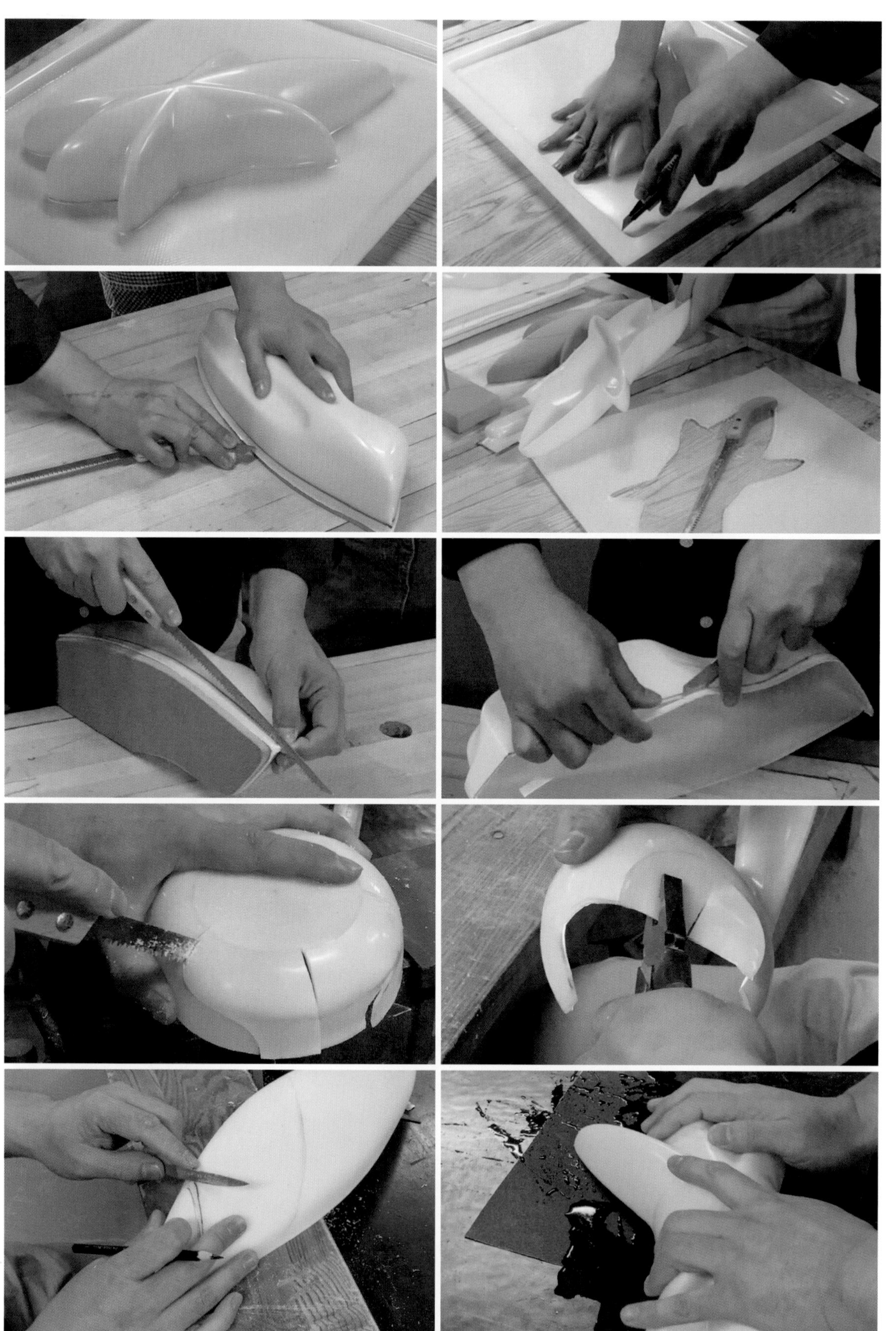

【ABS 壳体与模具的分离及裁切技巧】

【ABS 壳体分割面的裁切技巧】

【水磨砂纸板研磨粘接面的基本技巧】

【 ABS 壳体分割线的裁切技巧】

【 ABS 壳体局部造型的塑造技巧】

【 ABS 壳体内轮廓部分的切除技巧】

图 4.53　裁切 ABS 壳体的基本技巧：直线部分用刀划切后徒手或用钳具掰开，褶皱和弯曲部分用锯沿线切割、锯切缝、钻开孔、锉修边、用水磨砂纸板研磨粘接面 | 作者：焦宏伟

4. 细节塑造

ABS 热塑成型后，要先使用水磨砂纸打磨壳体表面，使其呈均匀哑光效果，再进行壳体模型细节的塑造。需对其棱线、倒角、转折、渐消等形态线面特征进行精细塑造，根据设计需求对产品的孔隙、按键、屏幕、开窗等细节特征的精细塑造同样重要，可使产品达到完美的形态壳体模型效果（图 4.54）。

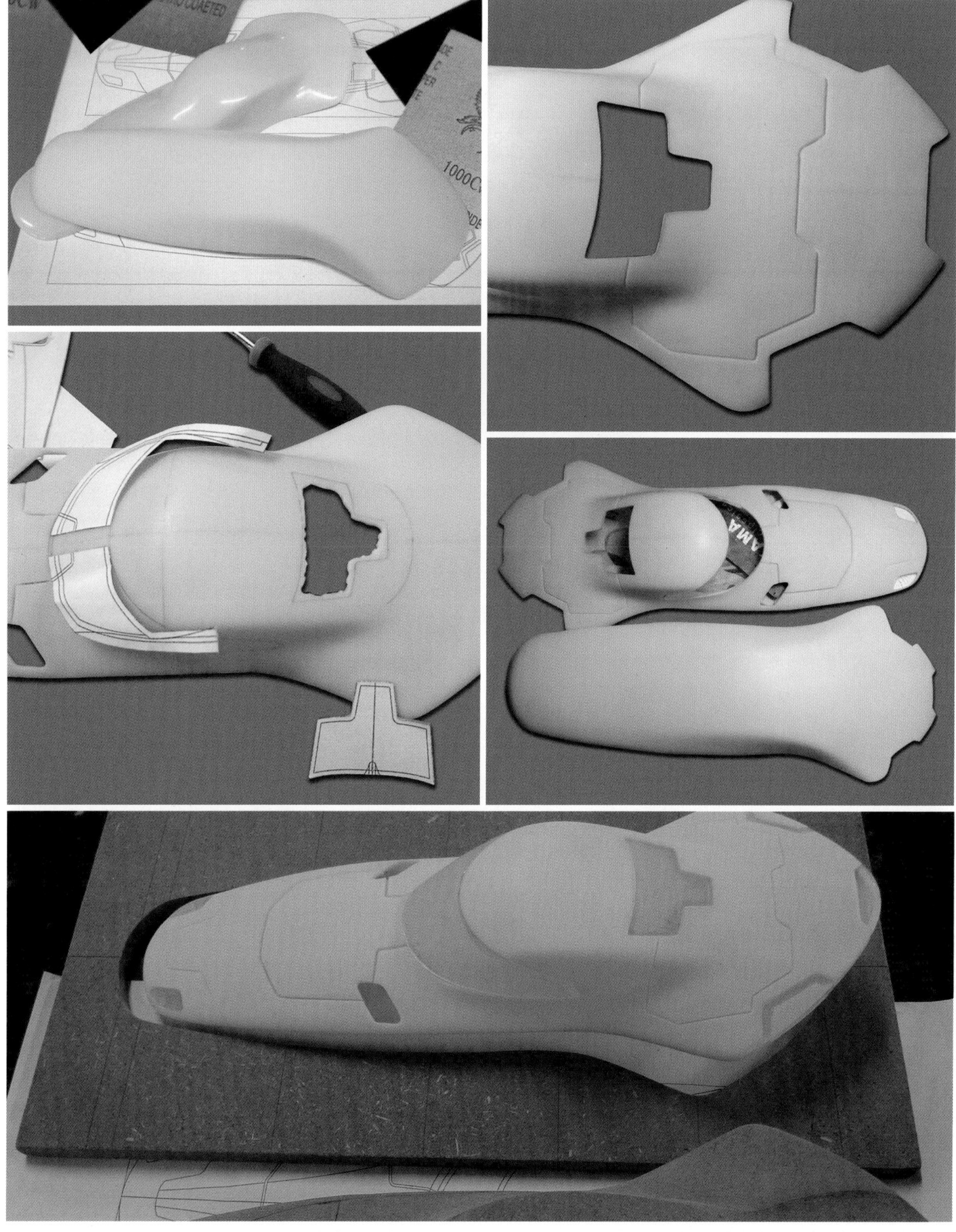

图 4.54　ABS 板热塑成壳体后，需进行水磨砂纸打磨、拓线、开孔、修边、镶嵌、锯条断面刻画槽线等精细塑造 | 作者：张婷

5. 粘接拼装

在 ABS 壳体模型的制作过程中，一些部件是粘接拼装而成的。将做好的各个壳体部件用 502 胶水、三氯甲烷或其他粘合剂粘合起来即可。ABS 板与亚克力板粘接所用的粘合剂与 ABS 板的粘合剂相同。在粘接过程中，应合理安排各部件的拼装粘接顺序，胶量不能过多。粘接面或拼接缝要尽量吻合、干净、精准、稳定，否则将会造成粘接歪曲。若部件粘接处要承受很大的外力，应为粘接处提供更多的结构支撑（图 4.55、图 4.56）。

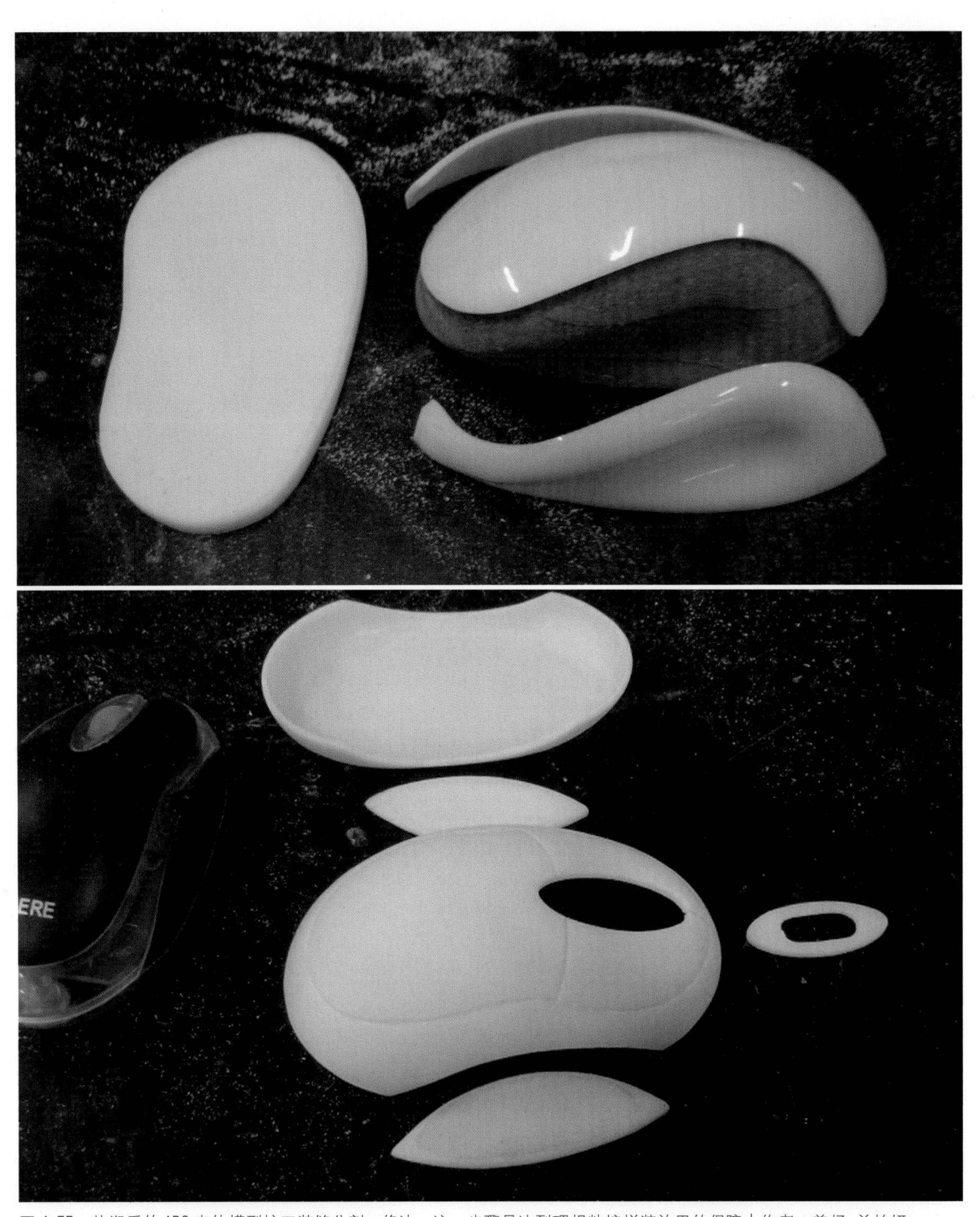

图 4.55　热塑后的 ABS 壳体模型按工装缝分割、修边，这一步骤是达到理想粘接拼装效果的保障 | 作者：姜杨 单柏妍

图 4.56　手工压制 ABS 壳体模型，按工装缝拼接各部件构成整体 | 作者：邹春香 姜杨

6. 冷板制作

产品形态中会有较多平面或单曲面造型，这些不需要模具热塑成型；冷板有很好的可切削性，制作效果更好。基本方法是：先按平面图或展开图用裁纸刀精准裁切 ABS 板，然后进行粘接、锉削、打磨等处理将其制作成型。

对于厚度小于 3mm 的板材，裁切时刀尖锋利、刀痕清晰连续、线形不分曲直，徒手即可沿刀痕将板材掰开，边沿比较光顺整齐，几乎不需预留加工余量，制作效率较高；对于厚度大于 6mm 的板材切割，建议使用勾刀或曲线锯，以取得必要的、准确的形体，尽量少留加工余量。

对于单曲面形态的制作，要分析形态造型规律，可采用展开图形围合龙骨的手法，也可截取适合的 ABS 管材弧面；对于内倒角或内凹面形态的制作，因其不好加工，建议采取正形反用的方式；对于 ABS 冷板加工，许多技法都与 ABS 热塑壳体后期处理的技法相通（图 4.57）。

图 4.57　核磁共振壳体模型的制作过程与完成细节，采用 ABS 冷板手工制作，比例为 1 ∶ 5 | 作者：焦宏伟

7. 加强结构

模型结构是否合理，会影响其外观、强度、质量。为保证模型壳体强度，增加壳体厚度是个比较直接的办法，但会导致产品用料增多、资源消耗增多、重量增加，且会因生产成本增加导致售价提高；将壳体设计得薄一些是一个好方法，但又有强度不足的缺点；为此模型结构中就有了与龙骨类似的加强筋。手工模型多通过在壳体内部粘接 ABS 条来实现增加产品壳体强度的目的，同时可有效分割内部空间（图 4.58）。加强结构不限于壳体内部，如油桶等容器表面起伏的波纹就是其外在的加强结构，实现了形式与功能的完美结合。

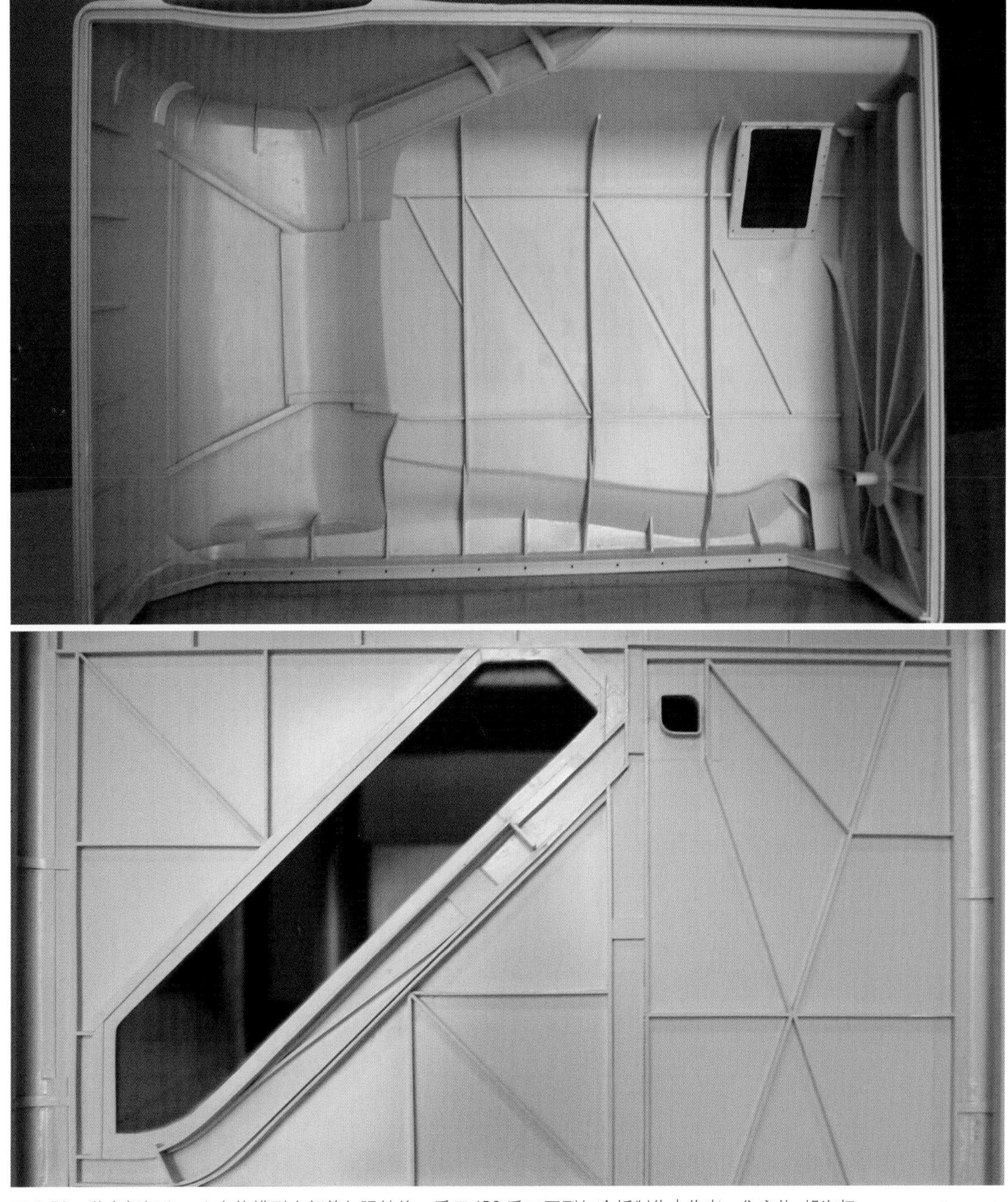

图 4.58　激光相机 1 ：1 壳体模型内部的加强结构，采用 ABS 手工压型与冷板制作 | 作者：焦宏伟 胡海权

8. 装配结构

ABS 壳体模型通常由多个部件构成。在壳体模型塑造中，要合理设计装配线的位置，协调装配缝隙与整体之间的关系。经过巧妙设计的装配结构，可实现各部件无损组装拆卸，降低装配难度，并可提高模型视觉精度，实现多材质、多色彩的搭配方案。必要时，可借助 CNC 成型设备制作装配止口，达到均匀美观的装配效果，实现更理想的模型表现效果（图 4.59）。

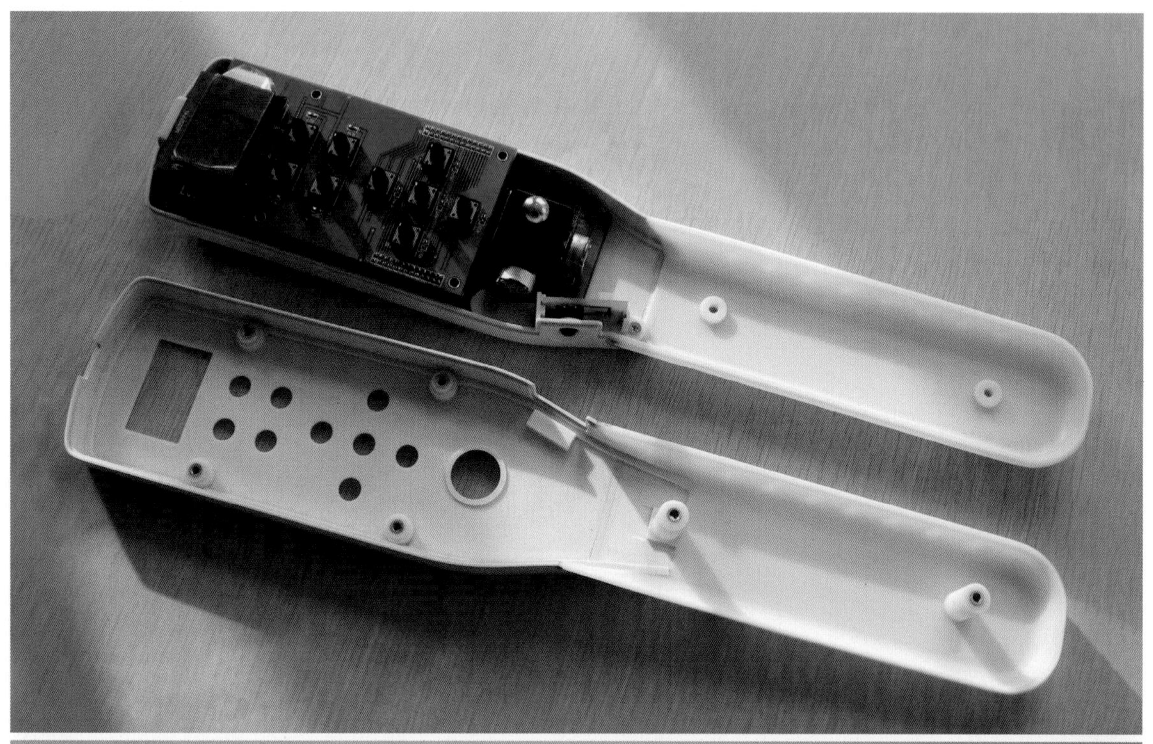

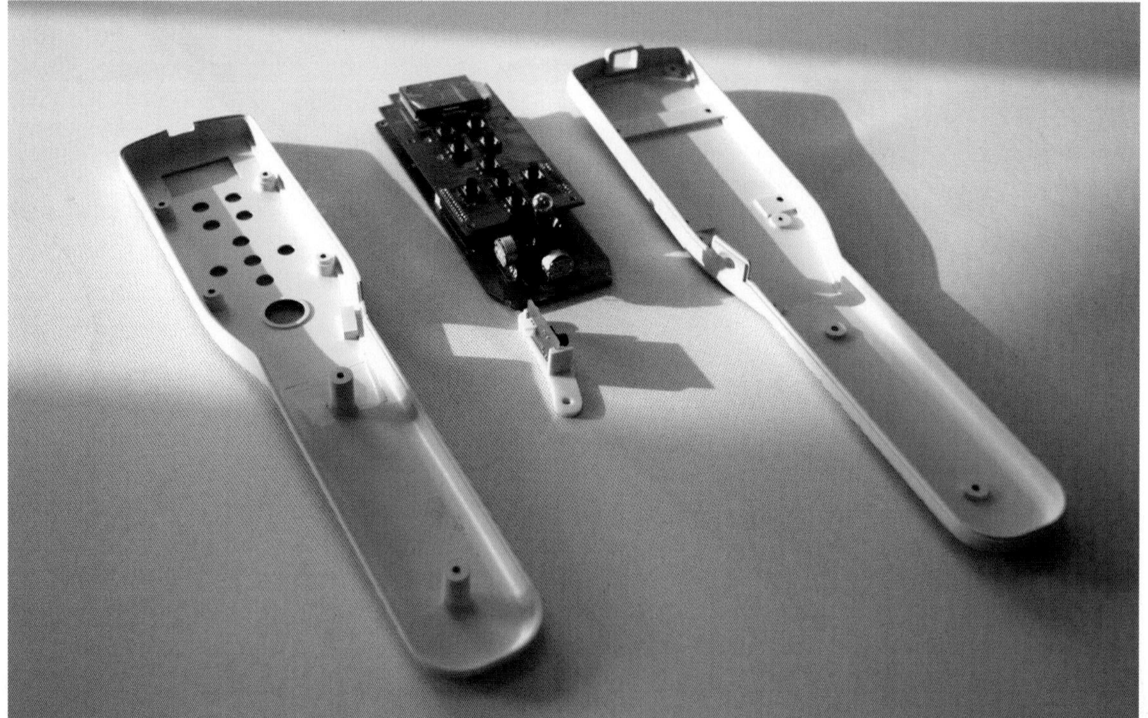

图 4.59　手持控制器 ABS 壳体模型的装配结构，采用 ABS 手工压型与冷板制作，比例为 1 ∶ 1 | 作者：焦宏伟

9. 表面处理

ABS 板加工时受到压制模具精度的影响，表面会有凹凸。在去除多余边料时，难免会对其他部分造成伤害，产生划痕；在粘接时，胶水过多，也会腐蚀表面，留下粘接痕迹。只有对表面进行锉平凹凸、磨去胶印、水磨抛光等一系列处理，才能达到更好的表现效果。课程模型做到喷漆前的效果即可（图 4.60）。

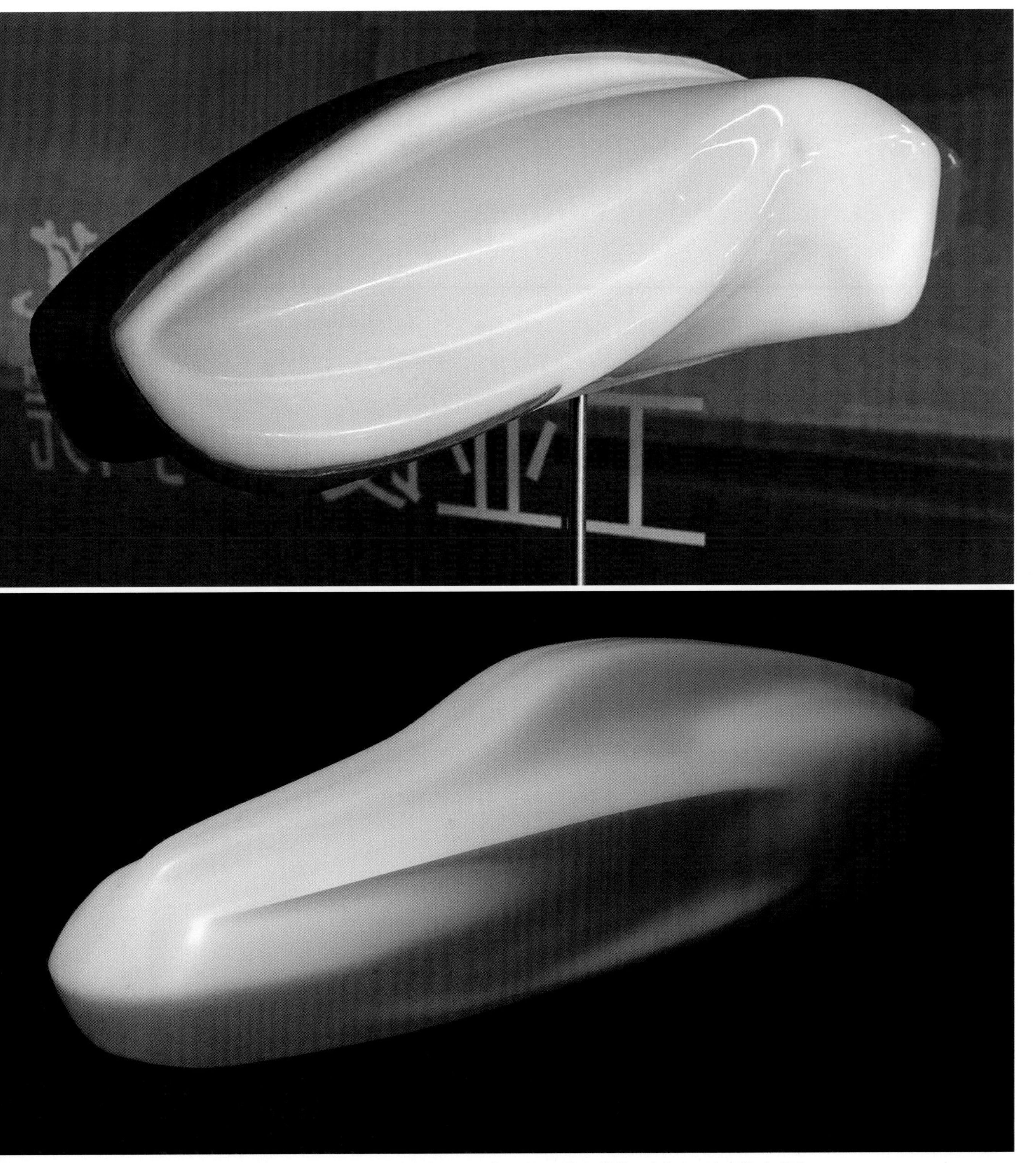

图 4.60　吸塑成型的 ABS 壳体，其形态表面与细节塑造呈现较好的效果 | 作者：陈嘉慧 赵龄皓

4.5 油泥形态模型塑造技法

4.5.1 课题设置

1. 内容与要求

油泥在众多的模型材料中具有绝佳的可塑优势，非常适合表达变化丰富的形态类模型，所以遵循这一特点，选定经典仿生形态类产品作为塑造参考对象。课题设置可使用油泥完整塑造产品实体类形态模型，也可与 ABS 壳体类模型或其他材质模型结合，发挥各材料不同的塑造优势，在有限的课程时间内尽可能掌握多种塑造技法。要求学生通过塑造实践，熟悉并掌握专业油泥模型的塑造流程与技法，并能够活学活用，塑造不同阶段、不同精度、不同形态的产品油泥模型（图 4.61）。

2. 目的与意义

油泥模型是产品造型设计中能够深入体现设计理念的有效表现方式，油泥塑造是对产品三维形体的深入设计过程。油泥可自由增减、可塑性强的特性，使其在塑造中对点、线、面、体变换关系的推敲十分灵活，这是其他设计表现方式所不具备的优势。

3. 材料与工具

适合材料：工业油泥。

必备工具：弧形油泥、双刃刮刀、三角刮刀、钢制椭圆形刮片。应根据题目形态选择具体的规格、型号，灵活使用相关的模型手动工具，或可以自己设计制作工具。

图 4.61 根据克拉尼的交通工具设计图确定的油泥形态模型塑造课题 | 作者：焦宏伟 胡海权

4.5.2　塑造技法

油泥模型的制作过程大致可分为创建视图、制定基准、制作内芯、推敷油泥、粗刮油泥、精刮油泥、表面塑造几个步骤。

1. 创建视图

首先分析参考图中形态的造型特征，通过产品结构、光影透视等原理判断推导出适宜比例尺度的视图。这时的视图是估值，需要将多角度视图汇集到三维模型上，在塑造的过程中相互对照才能逐步将线面及尺寸确定下来，可参考“1.3.2 制图基准”内容，绘制形态三视图(图 4.62)。

2. 制定基准

油泥模型塑造需要制定坐标基准系统，整体形态需要与基准保持相对固定，以便于使用尺规等工具通过基准系统对油泥模型绘制中心、垂直、对称等基准线，也便于在塑造过程中观察和检测形态的塑造质量(图 4.63)。

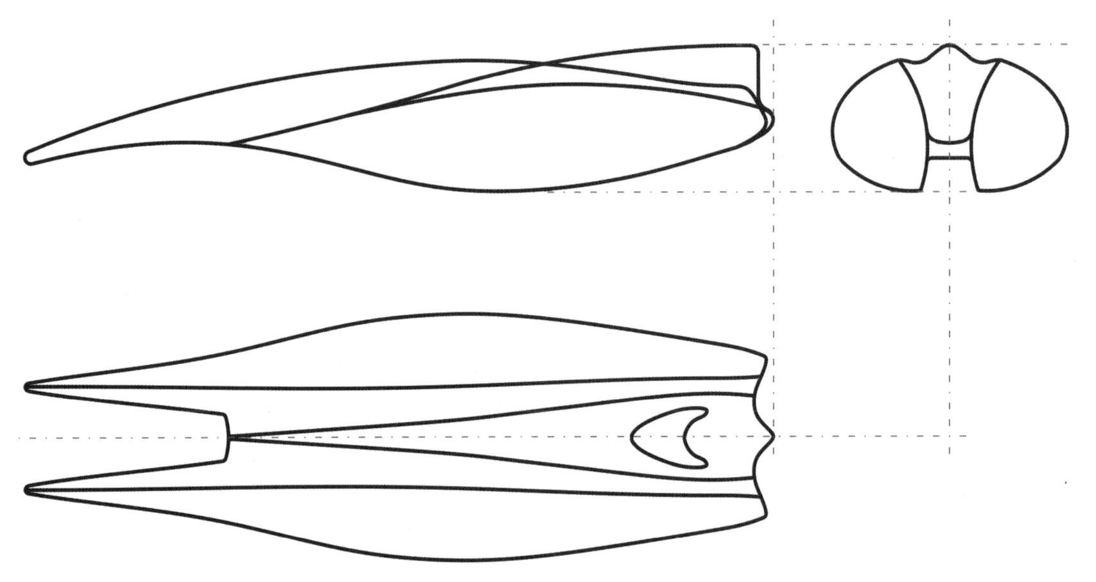

图 4.62　基于对题目原图形态结构的分析创建的形态三视图

图 4.63　根据形态三视图和 CNC 加工油泥模型的中心卡板，建立起形态基准与负空间观念，有助于明确形态塑造的规范及其参照标准

3. 制作内芯

油泥有很强的热熔性和较大的密度，除了小微产品模型为实心油泥模型，多数油泥模型都需要有内芯支撑才能保证在制作完成后不变形。内芯多使用泡沫板等易加工且形态稳定的材料制作。为保证油泥模型有较大的塑造推敲空间，通常会在内芯表面敷较厚的油泥，厚度与模型体量成正比，课程模型一般为 10mm 左右；应按减去油泥厚度的尺寸对内芯进行仿形制作（图 4.64、图 4.65）。

图 4.64　根据形态三视图，使用挤塑板手工塑造油泥模型内芯，为增加油泥的附着力，内芯表面要保留一定的粗糙度

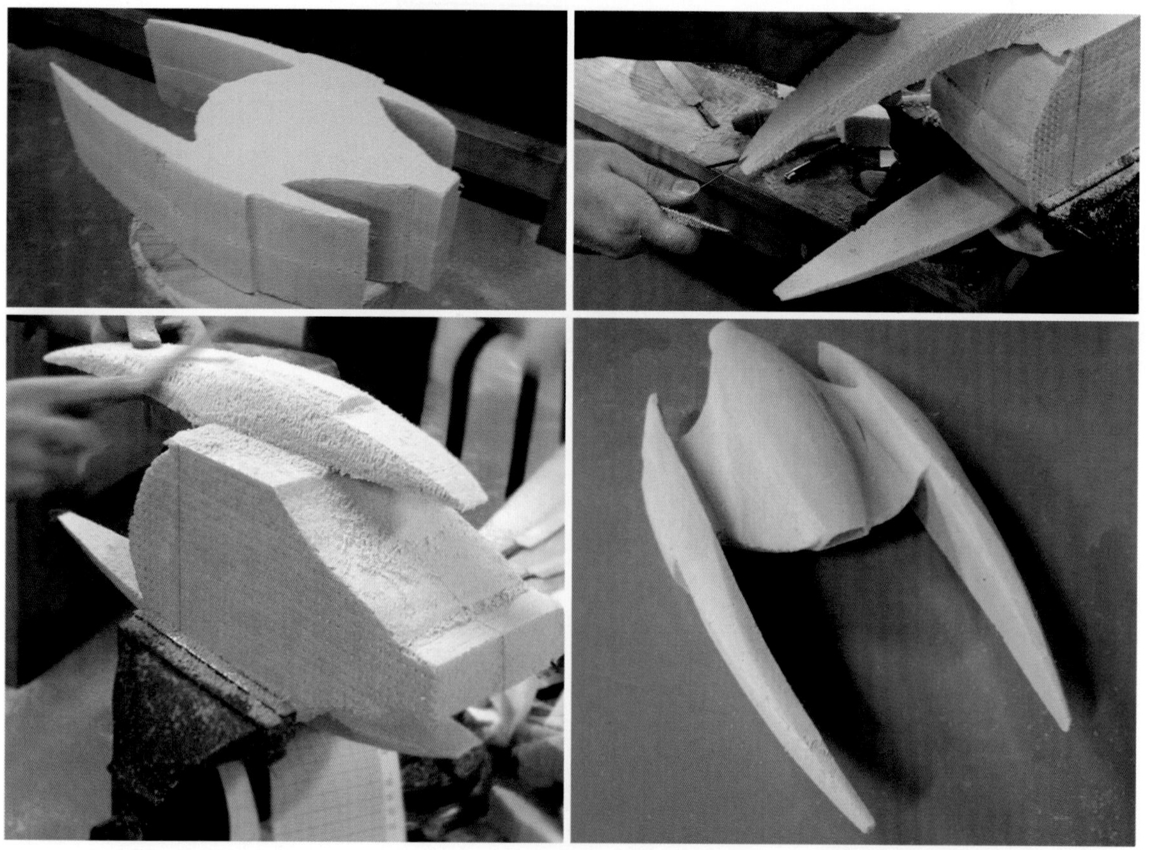

图 4.65　选择优秀产品形态作为油泥模型塑造课题，手工制作模型内芯，在其薄细部位内嵌钢丝以增加模型强度 | 作者：郝鹤

4. 推敷油泥

以形态三视图为基准，用推、刮、压的手法将加热变软的油泥推敷到内芯上，使其形成略大于形态需求的体量。为了保证能推敷出比较平实的油泥，需将油泥用烤箱加热到可以轻松塑形的软度，一定要趁热在油泥较软时进行塑形，否则会伤手。先用手掌或拇指沿同一方向用力推压油泥，再用食指侧面向回刮平刚刚推过去的油泥，依此扩展叠加推敷油泥，推敷时注意不要让油泥之间产生空隙。使用划线台 z 轴高度结合 x、y 平面坐标的方法检测视图特征点，使用视图外卡板等辅助工具确定油泥达到所需体量（图 4.66～图 4.68）。

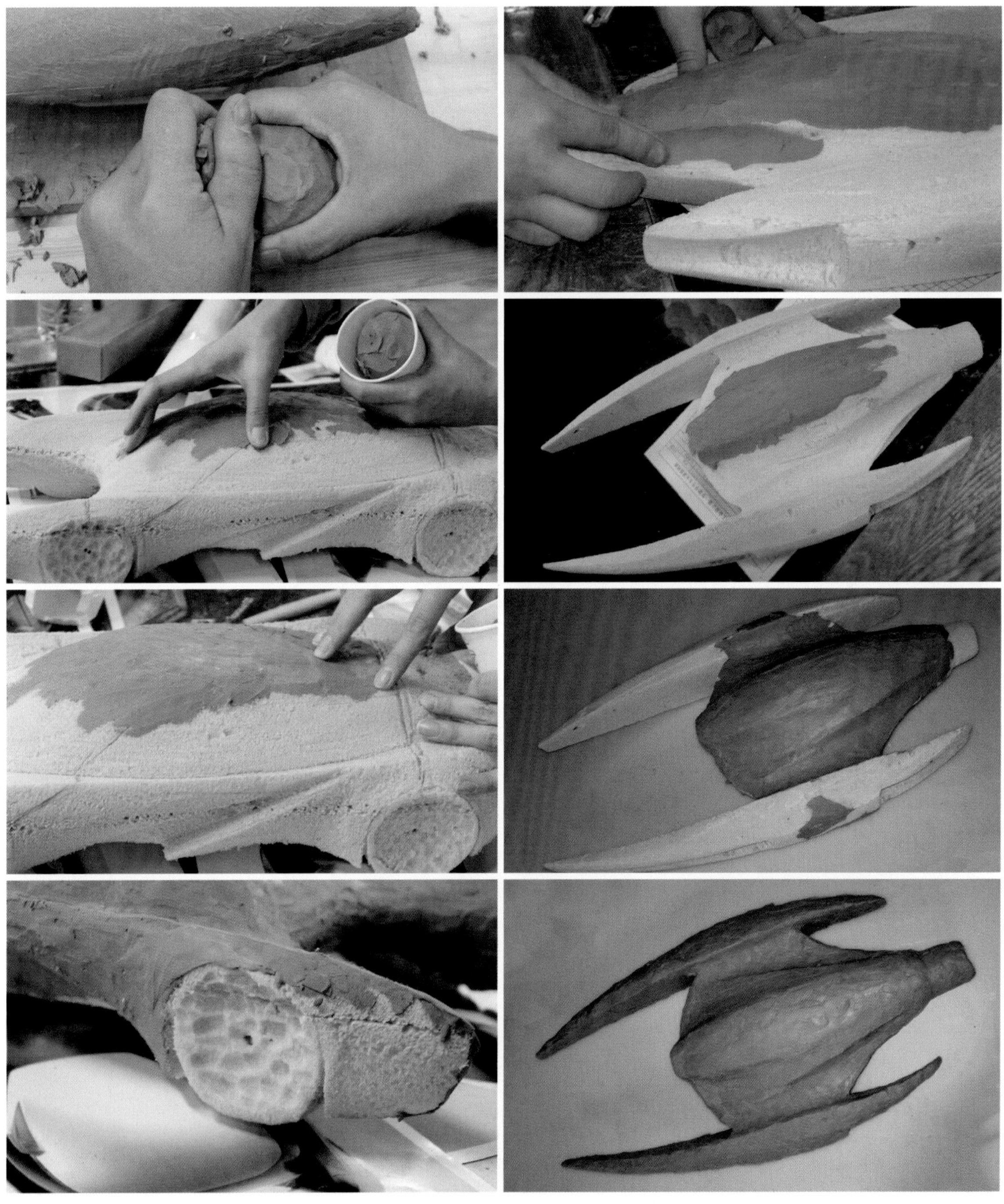

图 4.66　油泥与内芯粘接的基础层，厚度要薄、涂敷要实、依次成面、叠加有序 | 作者：唐思琪 郝鹤

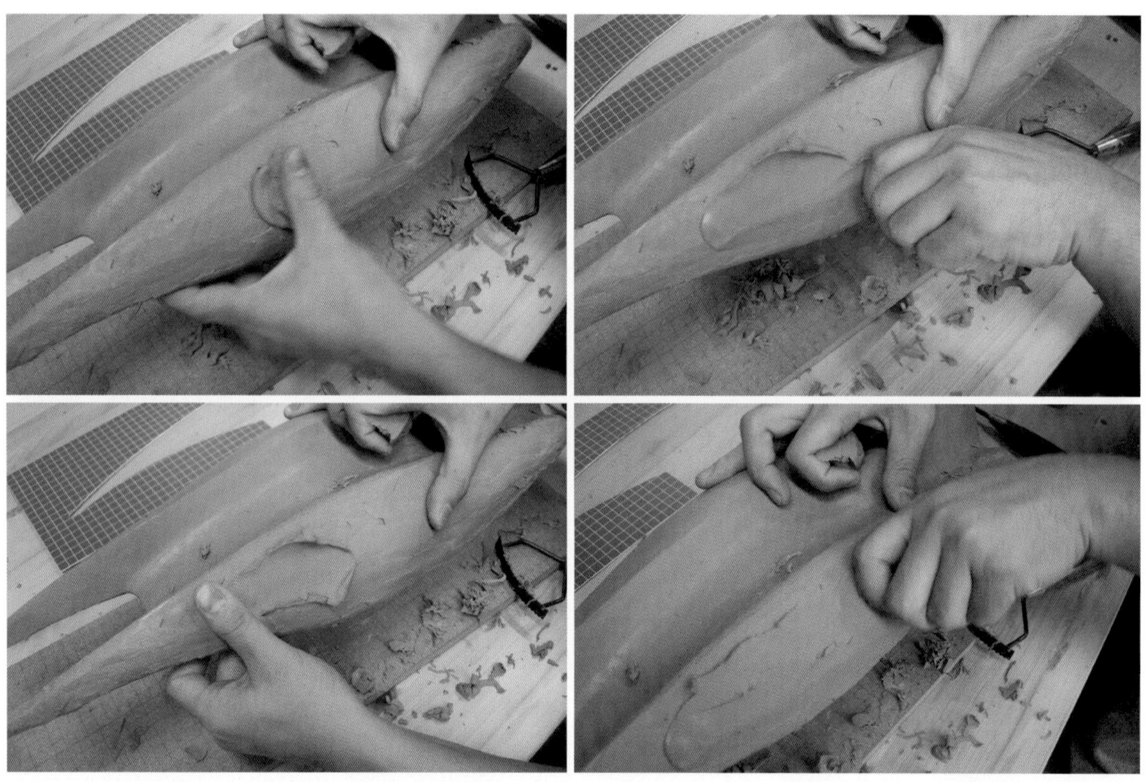

图 4.67 油泥涂敷叠加厚度时采用的推、刮、压等基本手法

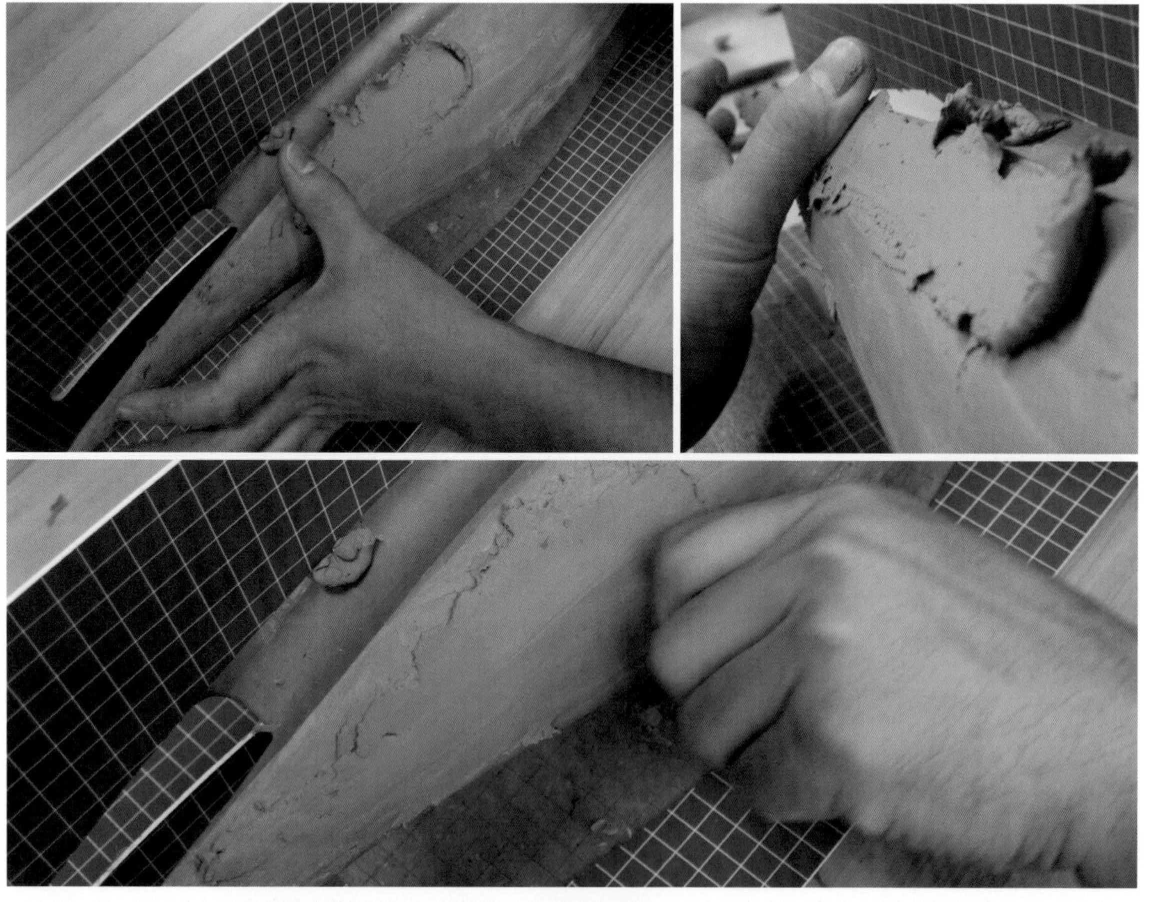

图 4.68 使用视图外卡板检测模型的线形是否与之吻合，依此增减油泥

5. 粗刮油泥

依据形态三视图的点、线特征，结合感官判断，使用油泥粗刮刀，采用交叉刀法，将推敷高出的部分刮掉、不平的部分刮平顺。粗刮过程中，需对空隙及凹陷部分补敷热油泥，在模型上用油泥胶带、油性记号笔、刮刀等工具及时调整或标记确定的特征点、线，以点带面地塑造整体形态（图 4.69、图 4.70）。

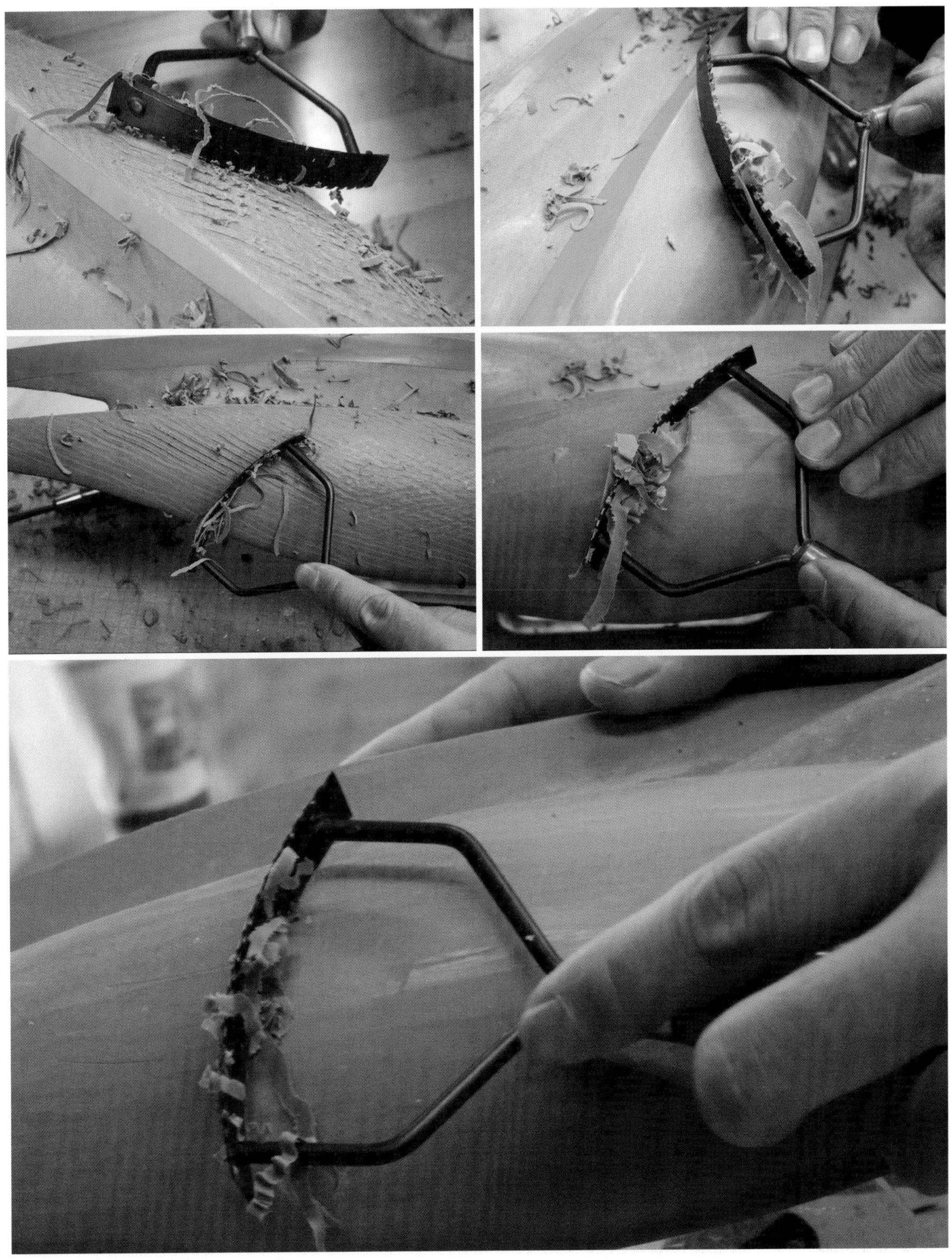

图 4.69　使用弧刃刮刀的粗齿刃面与无齿刃面双向交叉刮削油泥，可快速塑造出平顺饱满的型面

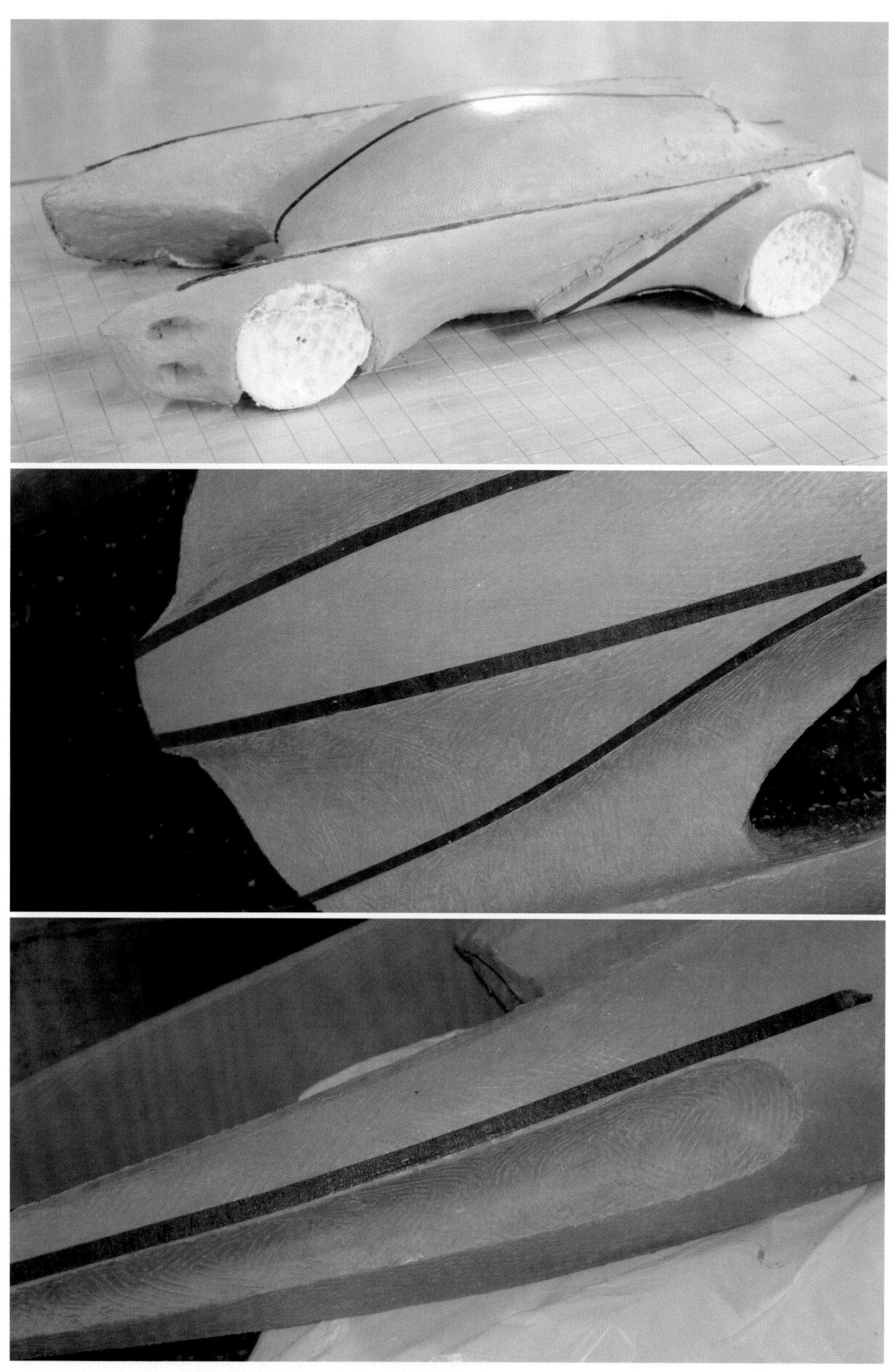

图 4.70　沿形态主要特征线形或围绕要制作的细节轮廓粘贴油泥胶带，选择适合的刀具采用交叉刀法进行线面的基础塑造

6. 精刮油泥

在粗刮完成的油泥模型的基础上，选用适合形态特征的精细锋利的刮刀，以交叉刀法为主多角度、多方向、灵活刮削模型表面，使用小型刮刀等进行槽口、台阶、孔洞等细部的塑造，注意保证模型表面光顺，线面特征明确（图 4.71）。

图 4.71　使用各种形状的刮刀可满足不同形态的面与线的塑造，应按由粗到细、由大到小的顺序进行精雕细琢

7. 表面塑造

在形态与细部都塑造完成后，使用钢制刮片对油泥模型做整体的修整和压光，完成油泥形态模型塑造，注意要将油泥形态表面塑造得平顺，而不是光亮（图 4.72～图 4.74）。如有需要，可通过贴膜改变油泥模型的色彩与质感等表面效果。但由于课程油泥模型体积偏小，形态起伏复杂，贴膜时容易产生气泡褶皱，所以课程内不建议对油泥模型做贴膜处理。

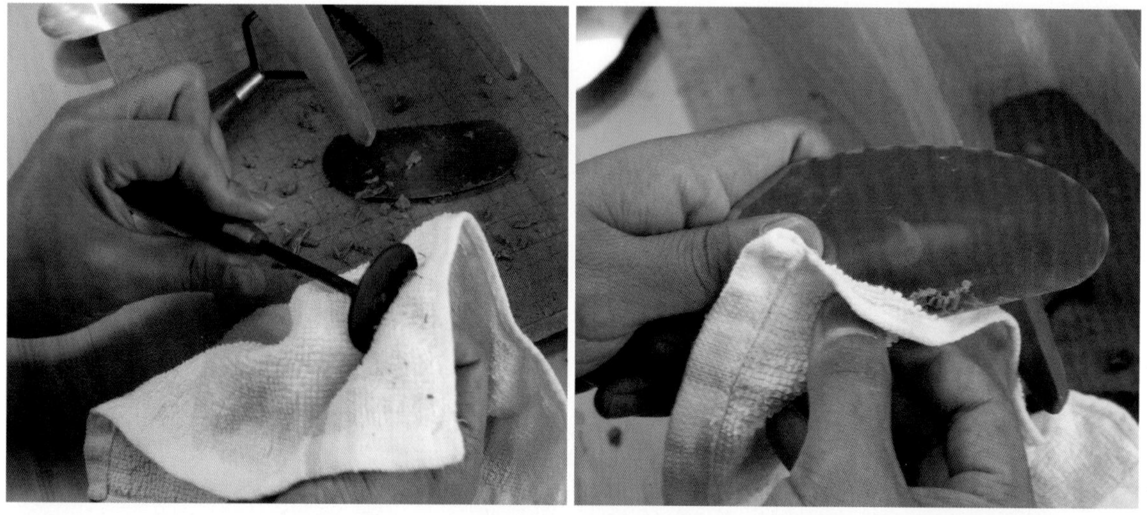

图 4.72　在进行形态细部与表面效果的塑造时，应对使用的刮刀、刮板进行及时的清洁，刀刃光顺是模型质量极为重要的保障

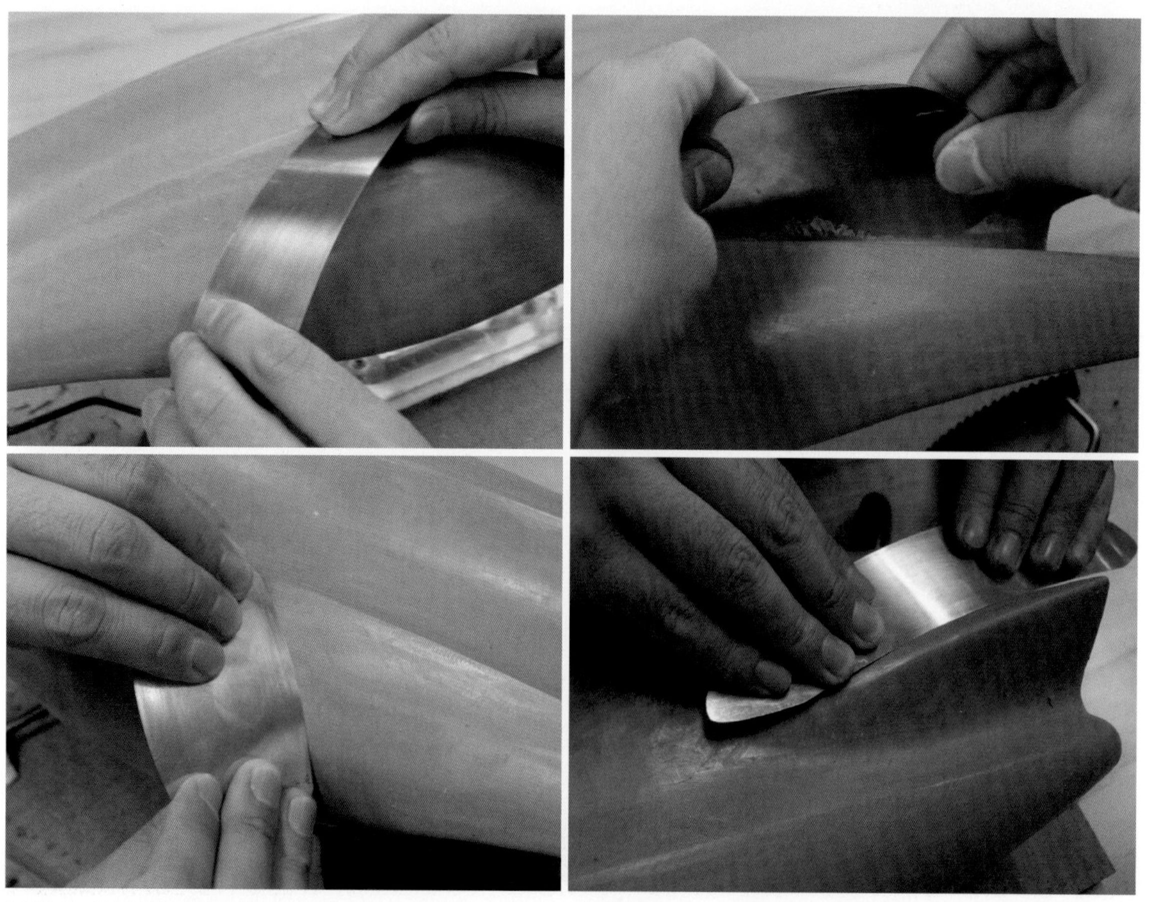

图 4.73　使用刮片时最重要的是在刮片上找到并控制与模型形态相符的弧度；使用钢板时还要体会三分刮、七分压的技法

图 4.74　熟练掌握油泥模型塑造技法，制作出工序严谨、工艺考究的模型作品 | 作者：郝鹤 唐思琪

4.6 模型与模具的翻制技法

4.6.1 课题设置

1. 内容与要求

产品模型塑造有时会遇到模型与模具的翻制需求。这时可以先使用石膏、树脂、硅胶、金属、玻璃钢、混凝土等翻制材料，通过原型翻制石膏等硬质模具或硅胶等软质模具，再通过模具进行原型材料或形态的转换，也可做小批量的形态复制。学生可根据模型制作的具体要求，进行各类翻制训练。要求掌握翻制模具、翻制形态、材质转换等基本技法。

2. 目的与意义

通过有趣的模型翻制实践训练，学生可初步了解产品生产及模具的基础知识，模型模具的翻制成果会提升学生动手实践的成就感，并增进其深入学习专业设计的兴趣(图 4.75)。本节翻制技法的理论知识及实践操作，需要学生有更多的兴趣和时间去完成，可作为模型塑造的课后兴趣课题，也可作为产品设计其他课程的应用训练课题。

3. 材料与工具

适合材料：硅胶、树脂、石膏、混凝土、玻璃钢、金属等。

必备工具：称量工具、塑胶容器、搅拌棒、脱膜剂、毛刷、裁纸刀、钢锯条等。

图 4.75 雪夹夹出的小雪鸭是较为典型的两开模具应用产品

4.6.2　石膏通用翻制技法

原型模具为保证翻制的精度和强度，多选用熟石膏或齿科石膏，以颜色纯净、质地细腻、易溶于水为佳。翻制石膏模具的原型越复杂，模具块数就越多，有单开、两开、多开等形式。产品模具通常是一块接一块依次完成的，而不采用统一擦片式分模。

1. 制作模具盒子

翻制石膏模具时，根据原型尺寸，使用便捷的板材设计制作略大于原型的模具盒子，或选择适合尺寸的容器作为模具框。在原型上确定并画出分模线，通常分模线须处在同一水平面，并均匀涂抹一层洗涤剂作为脱膜隔离层。将原型悬空固定在盒子内，在原型的最低处或不重要的位置安装悬挂或支撑结构，该结构最好是有一定粗度和脱模角度的圆锥体，直径与原型大小成正比，支撑位置占用的空间可成为模具形成后翻制模型的浇铸口和排气口，应均匀预留好模具的厚度空间（图 4.76）。

2. 调和石膏浆

选用容积适当的塑料容器，在其中加入所需石膏浆体积 70% 的水，先将同等体积的石膏粉快速而均匀地撒入水中，再用搅拌棒迅速按同一方向旋转搅拌，同时震荡容器使气泡逸出，也可加入脱泡剂。石膏的强度由石膏粉与水的比例决定，石膏浆越饱和强度就越大，反之则越小，可按不同需求来调整石膏强度。

3. 浇注底块模具

调和好石膏浆后，应在其未固化前浇注到模具容器中，需注意的是应从底面缓注，避免窝进空气，然后使其液面升高至分模线，并略高于其水平面。静置约 15min，待石膏浆初凝发热并冷却后，固化达到一定强度时，轻微震动模具，使原型与模具之间产生微小缝隙，然后小心取出原型。再将模具从模具盒内取出，用钢锯条对其上表面进行刮平修整，主要是为了保证分模线的精准。在分模面的四角处用钢锯条的圆头刻出半圆坑作为两块模具的对位点，清理刮削粉末，完成底块模具翻制（图 4.77）。

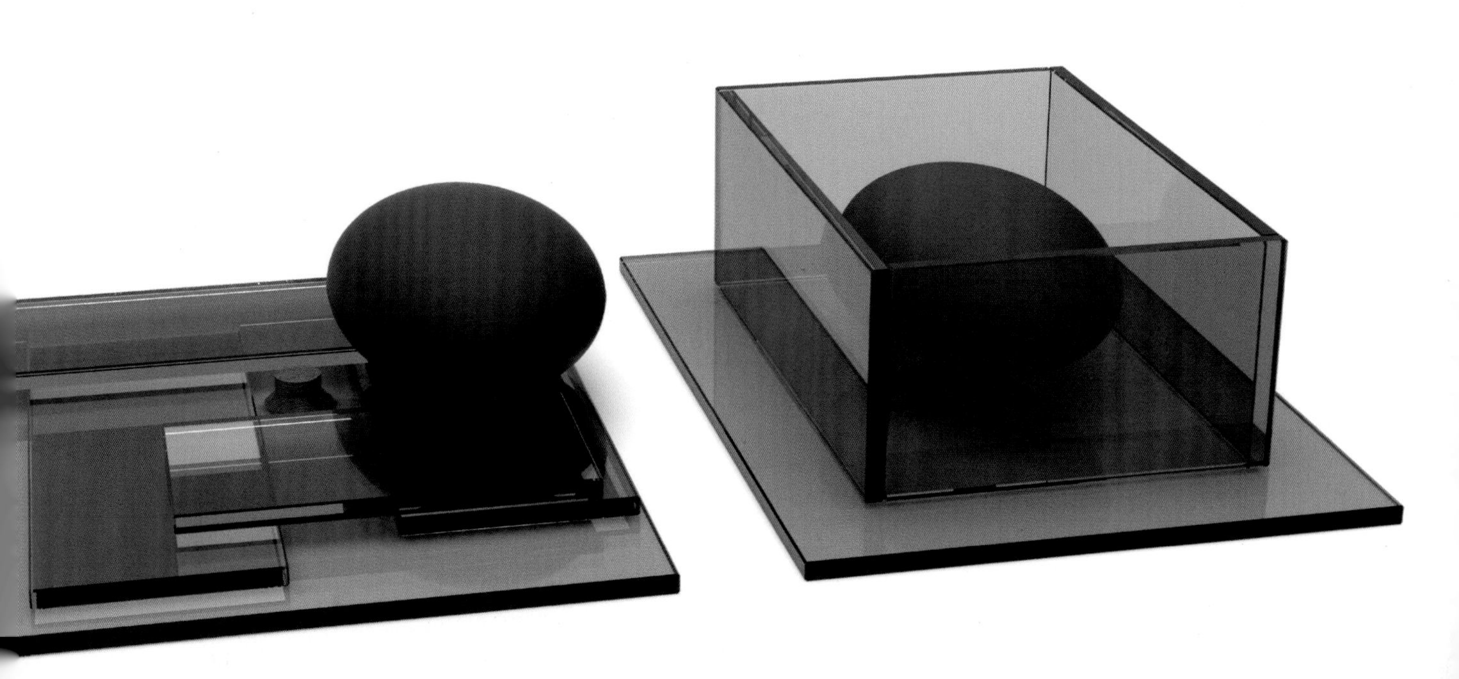

图 4.76　制作模具盒子比较适合使用光洁的玻璃板或塑胶容器，应认真做好涂脱膜剂等浇注的准备工作

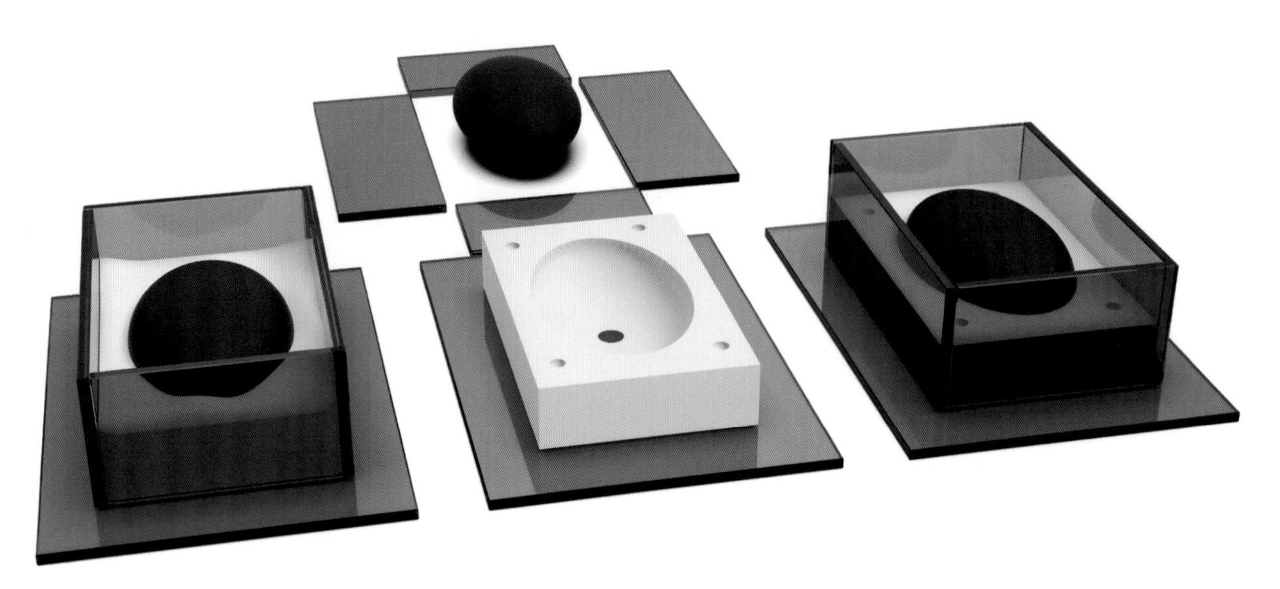

图 4.77　在玻璃盒子里浇注液体原料、修整分模面，完成底块模具翻制

4. 浇注上块模具，并修整完成两开模具的翻制

将原型与第一块模具清理干净并重新涂好脱模剂，将原型、模具、模具盒恢复至原位置。再次调和上块模具所需的石膏浆，按同样要求进行浇注。待固化后拆开模具盒，修整模具表面，使用橡胶锤轻微敲击分模面，待其产生裂纹后小心打开，完成两开模具的翻制（图 4.78）。

根据原型不同的形态与结构特征，以及不同的轴向、位置尺寸，合理设置原型分模线与两开模具分模面，可减少模具损耗、提高模型的成型率（图 4.79）。在产品设计与制造的过程中，模具起着承上启下的重要作用（图 4.80）。

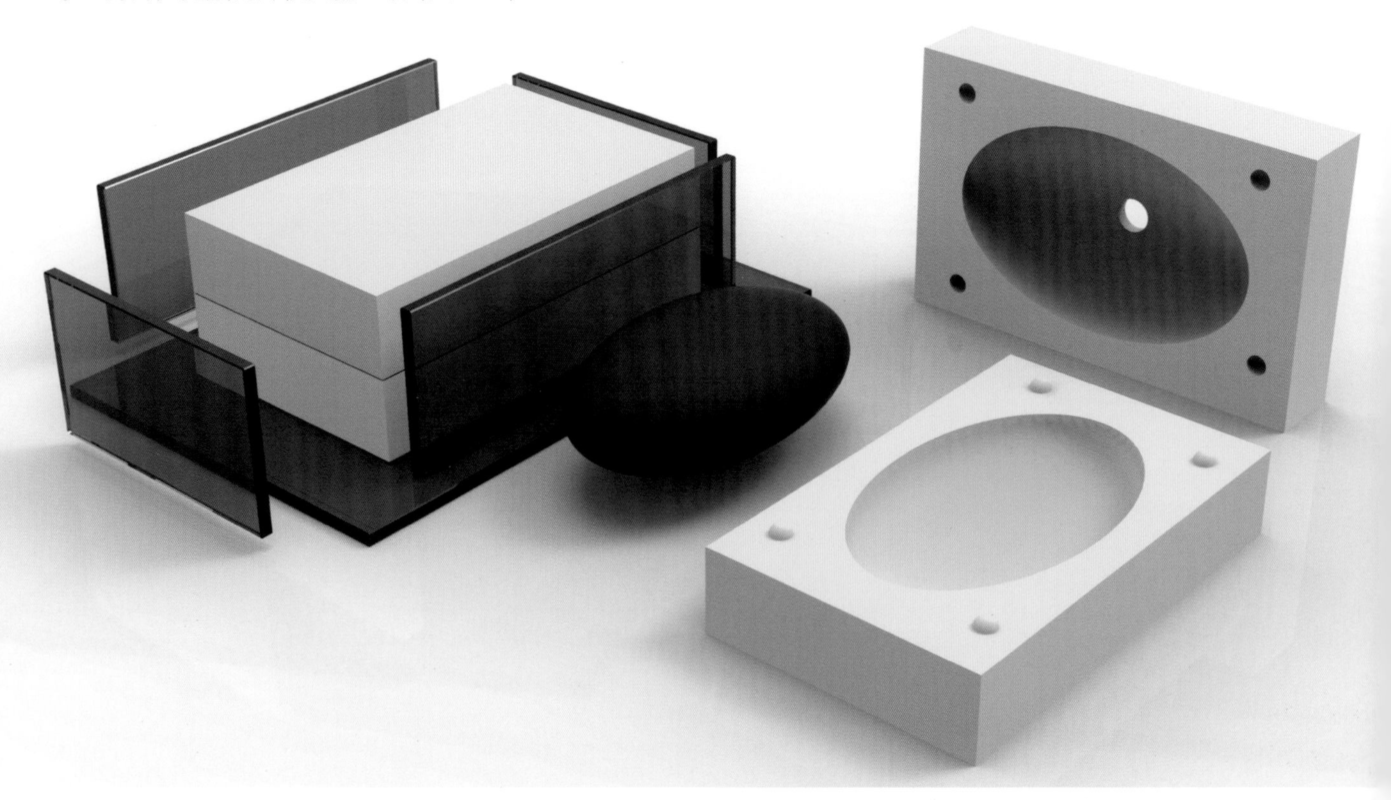

图 4.78　重复上一步骤，二次浇注液体原料、拆除模板、修整模具，完成两开模具的翻制

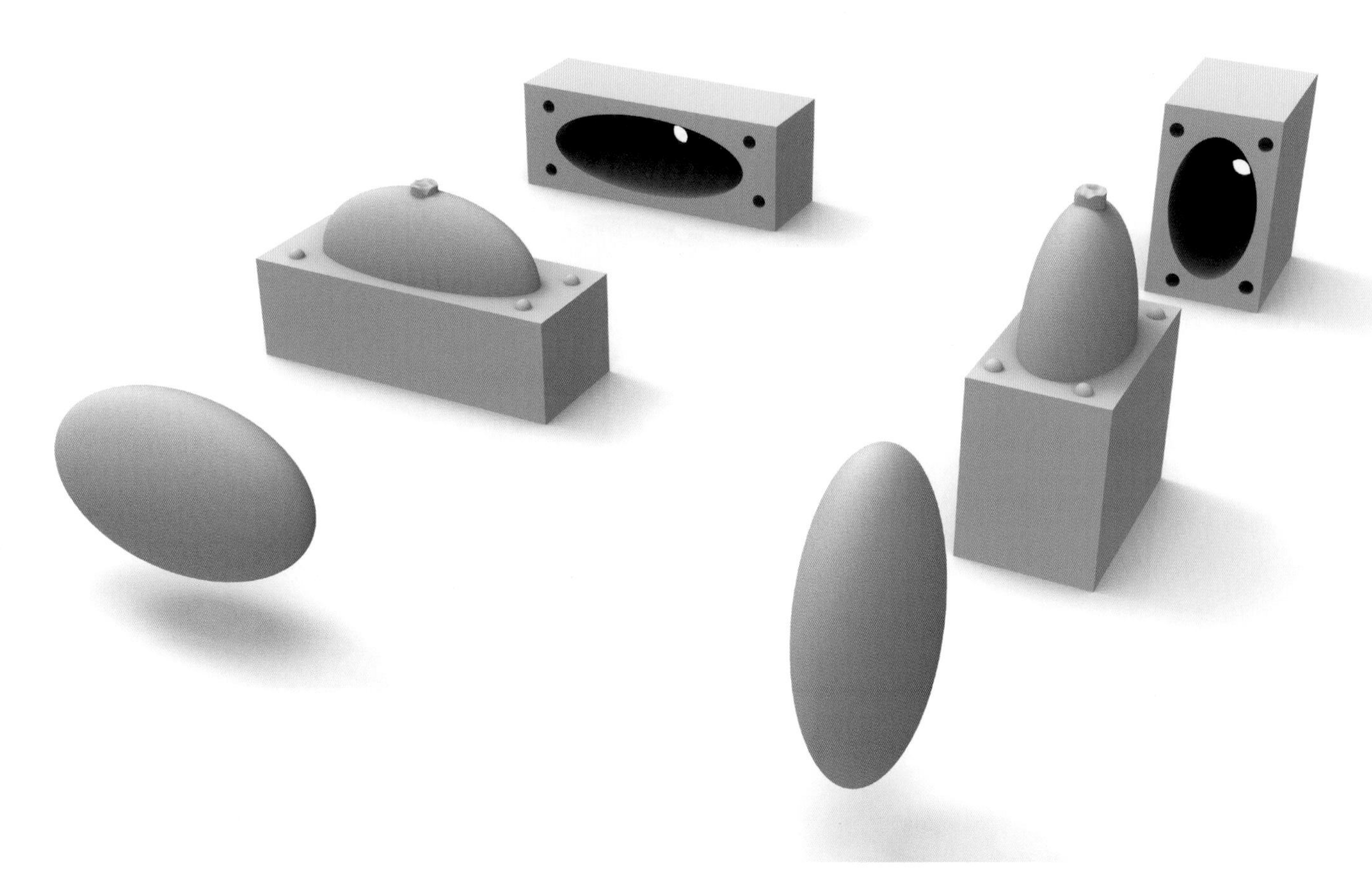

图 4.79　分模面越小，翻制效果越好，但脱模难度越大，应根据具体需求合理选择分模方式

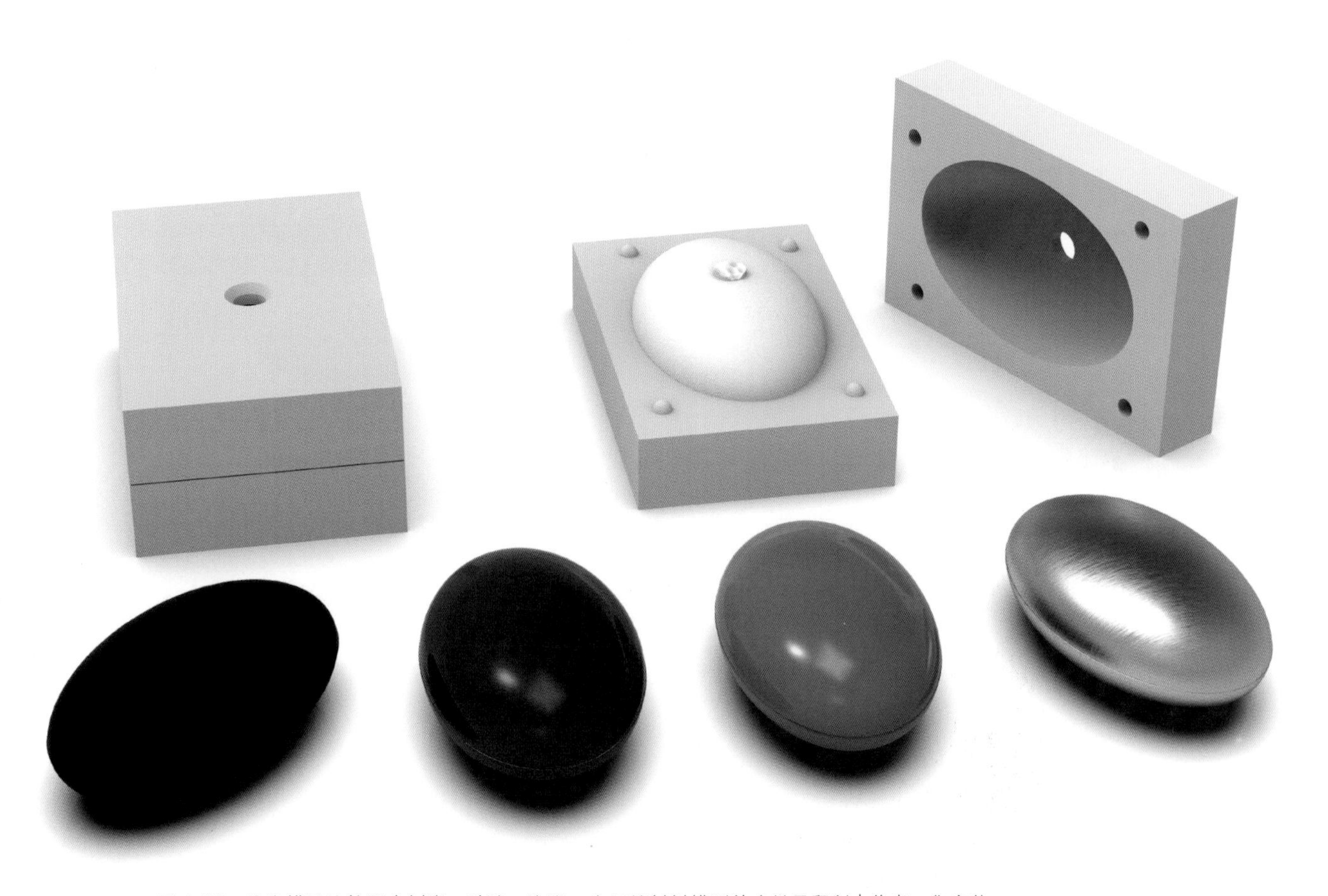

图 4.80　该类模具比较适合树脂、硅胶、陶瓷、金属等材料模型的小批量翻制 | 作者：焦宏伟

4.6.3 硅胶模具、树脂模型翻制技法

硅胶与树脂在日常产品中的应用越来越广泛，课程使用的是制模硅橡胶和AB树脂，它们都是双组份化合物。只要将原料混合或在原料中加入固化剂，便可使其固化成型。在硅胶或树脂中加入油性颜料即可调配出模型所需的色彩，并可使模型具有较好的韧性及柔和的触感。也可根据设计需求，通过调控原料比例改变硅胶的硬度。硅胶与树脂比较适用于制作常温条件下无脱模角度要求、可重复使用的模型模具，以及按键、把手等有柔软触感需求的模型部件，多为单开或两开的简易模具。

(1) 硅胶模具的翻制技法与通用翻制技法基本相同，都需要制作模具盒子或选择适合的塑胶容器。原型要涂凡士林或其他油性脱模剂，通常在原型的不重要位置安装悬挂或支撑结构，在原型与模具盒之间均匀预留模具的厚度空间。

(2) 将模具材料按照使用操作说明调配好，在橡胶中加固化剂并充分搅拌均匀，及时将其注入准备好的模具盒内，并抽真空或震荡排除气泡。

(3) 待模具材料充分固化并达到强度后，即可将模具从盒内取出，然后用锋利的裁纸刀沿模具支撑结构或对开模具线的位置切割开，取出原型后形成的空腔结构即为硅胶模具。

(4) 硅胶模具可进行树脂、硅胶、石膏等材料模型的翻制。在使用硅胶模具翻制模型时，因其材质较软，具有较大的可变性和韧性，应将其放入模具盒子，以增强模具形态的稳定性。翻制的模型往往具有真实产品的质感，能够很好地表现设计产品的功能和结构特性(图4.81)。

综上，学生在掌握教学理论技法的基础上，应多多开展实践(图4.82)。

图4.81　硅胶模具与树脂模型之间可实现很好的转换，这是小批量模型或产品常用的生产方式 | 中国工业博物馆馆藏

图 4.82　公共座椅混凝土椅墩模具制造与原型翻制 | 作者：焦宏伟

本章思考题

(1) 拍照记录并类比分析几个不同形态模型的造型特征。

(2) 思考模型的材料和表现形式的更多可能性。

(3) 思考工艺优劣之别，并谈谈对“形态平顺、比例协调”的要求的看法。

(4) 推导密度板模型模具适合的尺度和比例关系。

(5) 掌握产品形态分层的概念、原则、方法。

(6) 熟练运用基准面、基准轴等形态特征概念。

(7) 认真体会分模线、分模面、拔模角度等模具概念。

(8) 分析形态分层概念与模具概念间的区别与联系。

(9) 分析密度板模型与 ABS 壳体之间的形态关系。

(10) 对比分析 ABS 板热塑成型的几种方式的优劣。

(11) 灵活使用并体会 ABS 壳体模型的多种成型方式。

(12) 拍照记录塑造过程，梳理课程的实践体会。

(13) 尝试使油泥与 ABS 壳体模型或其他材质模型结合为完整的产品形态。

(14) 结合油泥特性及其塑造技巧，谈初学者常犯的错误。

(15) 谈谈如何精确控制油泥形态表面的光顺度。

(16) 拍照记录油泥模型塑造的步骤，梳理分析油泥模型塑造课程的实践技法。

(17) 思考并类比豆粒与豆荚的两开模具特征。

(18) 使用石膏模具翻制硅胶、AB 树脂小产品壳体或按键。

(19) 通过翻制实验体会翻制材料的调和、浇注、脱模等技法。

(20) 在翻制过程中，体会原型与模具的关系。

第 5 章
产品设计模型快速成型技术

本章要点

■ 快速成型的概念、界限及意义。

■ CNC 减式成型技术。

■ 3DP 加式成型技术。

■ 快速成型的工艺方法与技术流程。

本章引言

产品精美的肌理与复杂的结构形态都会给人良好的印象，但其手工模型的复杂制作过程和十分具有挑战性的制作技术，往往使人不知道如何下手。为了达到理想的设计艺术效果，设计师往往需要采用快速成型技术。本章根据对工业设计教学中模型塑造的发展历程、新材料、新技术等教学重点的剖析，对目前教学中忽视传统模型塑造及过度依赖快速成型技术的问题进行反思和矫正；要求学生全面掌握传统与先进的加工工艺与技术手段，完善设计知识体系；强调学生要在教师的指导下，掌握实验室设备操作技巧，促进学生多做实验，锻炼其实践探索能力。

5.1 快速成型的概念、界线及意义

5.1.1 快速成型的概念

快速成型（Rapid Prototyping）技术又称实体自由成型技术，简称RP技术，是20世纪80年代后期由工业发达国家率先开发，在三维CAD基础上产生和发展起来的成型技术。

快速成型按加工方式可分为Computer Numerical Control，计算机数控减式与Three Dimensional Printing，3D打印加式两大类别。其工艺原理都是基于计算机三维数据模型，在对三维模型进行分层处理后，形成截面轮廓信息，随后将各类设备适用的材料按三维模型的截面轮廓信息，进行逐层扫描切割削减或逐层固化堆积，使其成为实体原型。其主要技术特征是能自动、快捷、精确地将设计数模转变成产品原型或功能部件。

5.1.2 快速成型的界线

产品设计模型塑造课程及毕业创作中越来越多地应用快速成型技术制作设计表现模型，很多学生都是直接将这部分工作转包给模型制作厂家，虽然有更专业的表现效果，但学生并没有得到锻炼，这不利于本专业设计人才的培养。因此，本章强调学生要了解成型设备和设计软件的理论基础，要有深入的操作实践，合理划分设计艺术与设备技术的界线。除了根据设计需求恰当选用成型设备，将产品设计的数字模型快速、精准地加工出来，还需结合手工模型塑造的技巧，进行去除支撑、修整粘接、打磨抛光、喷漆着色、装配调试等一系列后期处理工序，才能将产品表现模型完美地呈现。学生需要加入这些过程，获取设计质量反馈、积累设计实践经验、提高综合设计水平。

5.1.3 快速成型的意义

从更有利于产品创新设计发展的角度，理解快速成型与产品设计之间的辩证关系：快速成型技术是产品模型塑造深入表达的必要条件，是手工模型塑造的拓展延续与工效升级；快速成型是最接近产品制造的环节，为跨越模具的科研生产和个性化定制提供了十分理想的技术途径；掌握产品快速成型系统和逆向工程系统的基础理论与操作技巧，是产品设计专业发展的必然要求。本课程将设计模型从手工艺术化塑造引向数字化、机械化的

图5.1 掘进机外观设计与快速成型，获日本ROLAND国际创意设计大赛全球金奖 | 作者：杜海滨 焦宏伟

实体成型，可更高效地表现产品形态、功能结构、装配关系，更便于学生了解产品的实用价值和美学价值(图 5.1、图 5.2)。

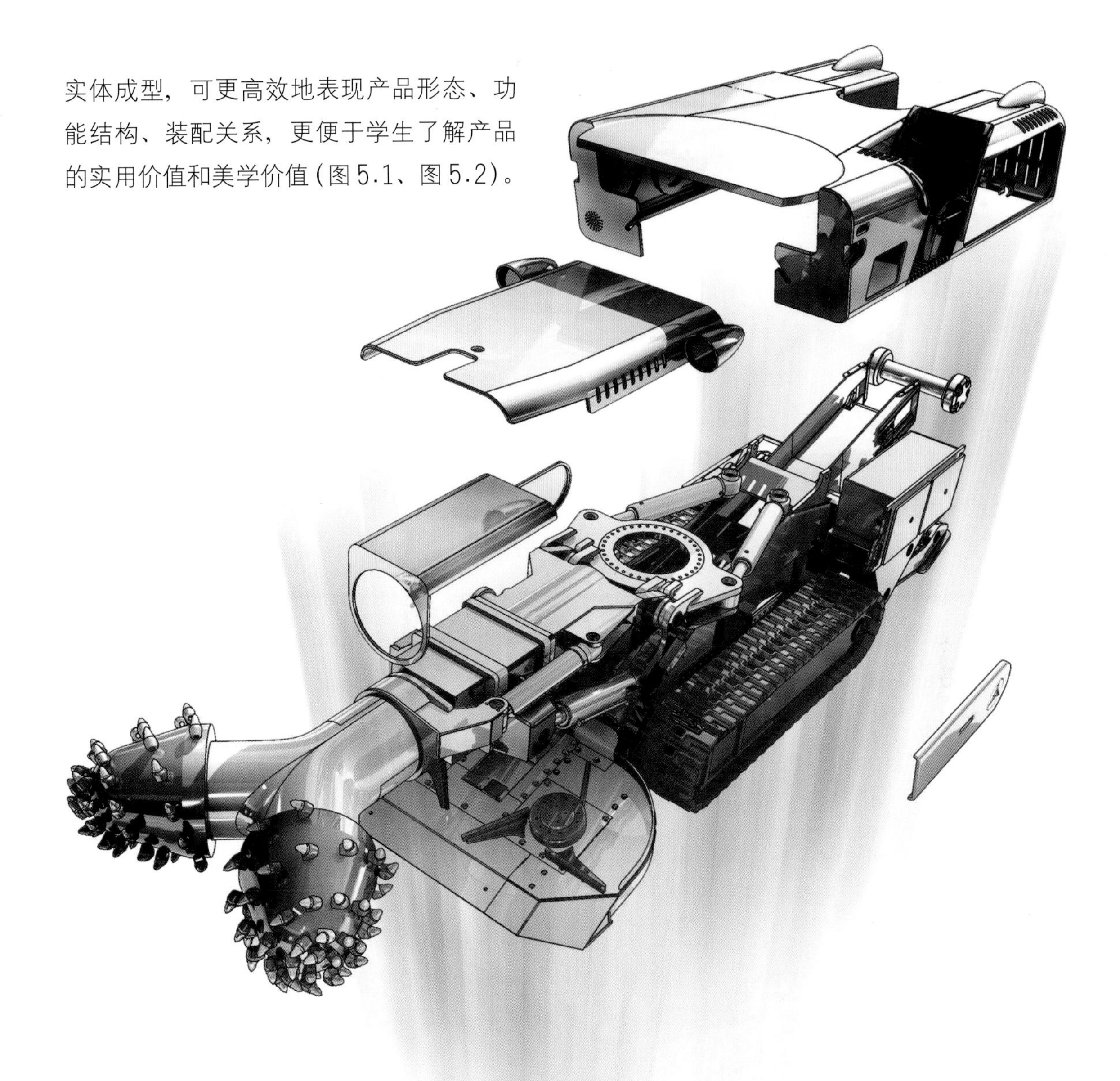

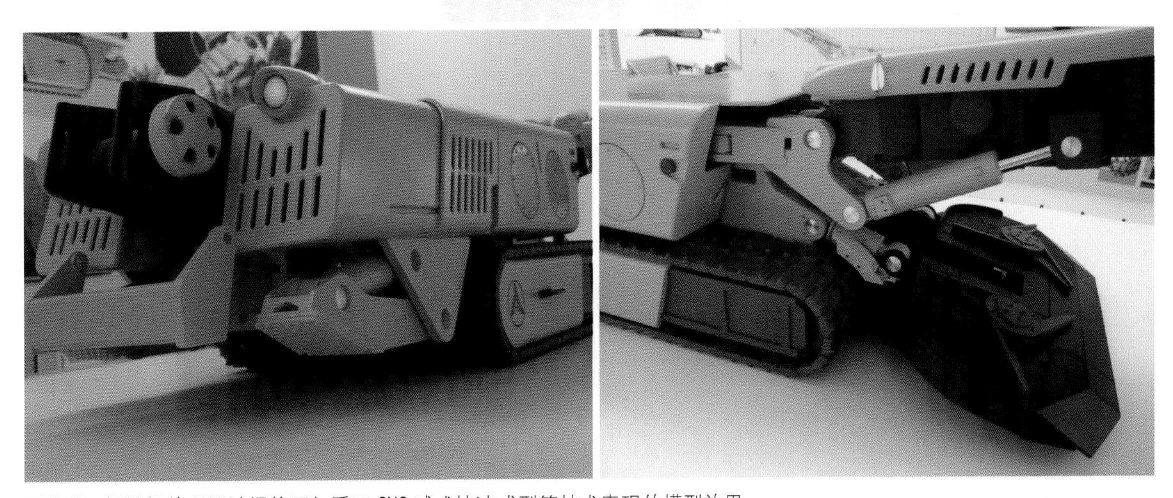

图 5.2　掘进机外观设计爆炸图与采用 CNC 减式快速成型等技术表现的模型效果

5.2 CNC 减式成型技术

5.2.1 CNC减式成型的概念及分类

CNC（Computer Numerical Control）减式成型技术，是指使用数控设备对三维数据进行编程，以机械切削塑料、木材、树脂、金属等固态材料，直接生成设计原形及模具或直接生产所需的产品功能样件的加工方式。CNC具有较高的制作效率和精度，尤其适合产品样机模型制作。CNC 加工操作系统可通过三维设计软件直观地对三维形态的加工路径进行编辑设定，设计师无须掌握复杂的数控编程知识，可直接操作。

CNC 减式成型设备按功能分为三轴联动、四轴联动、五轴联动、万向轴及柔性机械臂等类型。不同类型的设备在加工范围上有一定的差异，在加工形体的复杂程度和精度上也有一定的区别（图 5.3）。

如果我们将被加工形态概括地看作一个六面体的话，那么成型设备联动轴数的多少就代表着一次可加工六面体面数的多少。三轴联动的设备可对六面体的 1 个面沿深度方向进行二维切割或进行三维浮雕形态的加工（图 5.4）；四轴联动的设备可对六面体的轴向 4 个面同时进行类似圆雕形态的加工（图 5.5）；五轴联动的设备可对六面体除固定底面以外的 5 个面进行复杂形态的加工（图 5.6）。

5.2.2 CNC减式成型的技术特点

产品模型最常使用的材料是 ABS、亚克力、尼龙等塑料，以及铝合金、黄铜等金属。根据设计需要，也会使用代木、密度板、实木、模型蜡等进行加工，生成真材实料、耐用性好的产品模型（图 5.7、图 5.8）。

优势：CNC 减式成型技术具有速度快、价格优、材料多、形变小等不可代替的优势，CNC 减式成型设备的不断升级，使其具有更高的加工精度、更多的加工轴向、更巧的特制刀具、更优的表面品质、更高的加工质量，如视觉效果完美的金属镜面研抛技术、超精密加工技术（图 5.9）。因为 CNC 减式成型技术的综合性价比很高，所以该类技术在产品设计教学、产品设计开发和首板制作等领域的应用最为广泛。

劣势：CNC 减式成型技术由于设备轴数的限制，某些壳形及纤细结构没有加工基础面的自由形态，有加工死角，在加工时需要设置必要的支撑结构，加工完成后又要去除支撑。这增加了模型制作的难度和周期，对手工模型塑造技术要求较高。它在加工过程中对材料的消耗较大，并会产生碎屑、废液、噪声等。

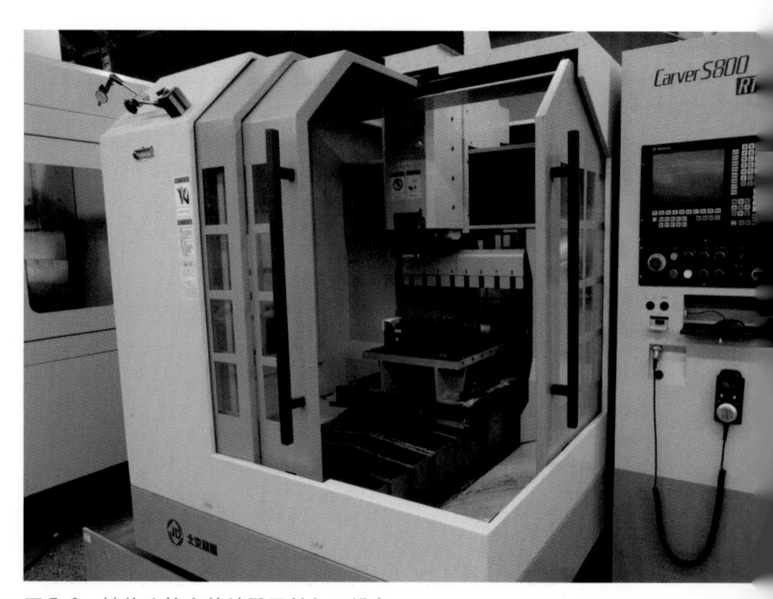

图 5.3 性价比较高的精雕四轴加工设备

图 5.4　三轴联动的设备是最基础的也是应用最为广泛的 CNC 减式成型系统，该系统可沿 *x*、*y*、*z* 三轴联动加工

图 5.5　四轴设备是在三轴的基础上增加了一个旋转的 *a* 轴，可沿 *x*、*y*、*z*、*a* 四轴联动加工，是较为高级的 CNC 减式成型系统

图 5.6　五轴联动的减式成型系统是高级别的加工中心，其加工复杂形态的自由度最高

图 5.7　使用木材进行 CNC 减式成型技术，其独特的质感与特性具有极好的模型表现效果

图 5.8　CNC 减式成型技术还善于加工有设计功能需求的样件及精细产品翻制的蜡模原型

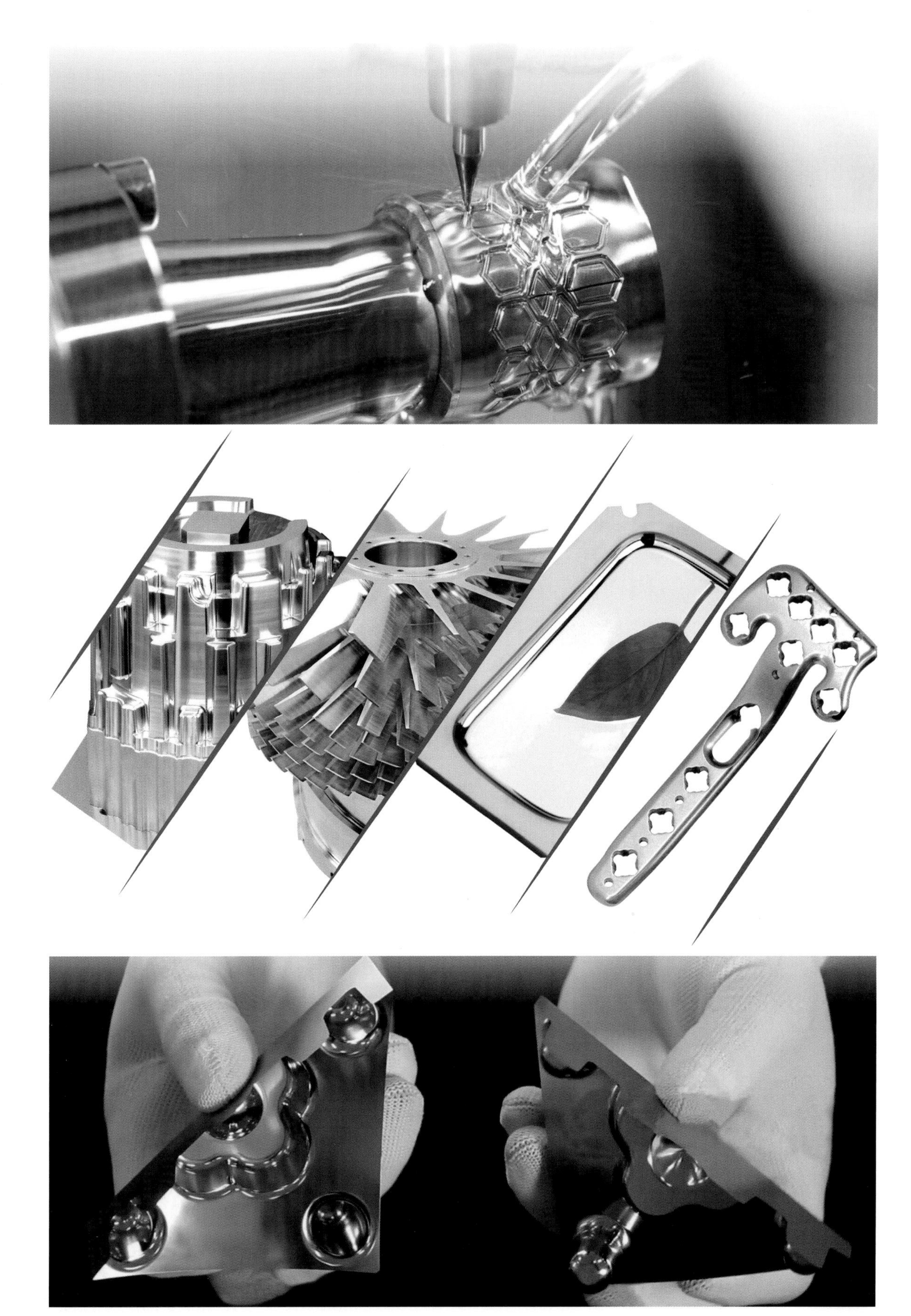

图 5.9　精雕 CNC 减式成型技术可加工多类超高精度产品及模具，在产品模型表现中的应用也比较广泛

5.3 3DP 加式成型技术

3DP 加式成型技术主要对粉末或液态材料进行加式成型。目前，加式快速成型的种类较多，但它们的加工原理有共通之处，几乎全部是利用成型设备对分层处理好的数据模型进行实体打印，在打印生成了第一个物理层后，模型降低一个层高以便生成另一层，循环往复，逐层堆积，直到生成整个成型件。

3DP 技术经过多年飞速发展，按其使用材料和加工媒介，可分为以下几种成熟的系统类型。

(1) 熔融沉积丝状材料成型 (Fused Deposition Modeling，FDM)。
(2) 树脂粉末粘接成型 (Resin Powder Bonding，RPB)
(3) 激光固化液态树脂成型 (Stereo Lithography Apparatus，SLA)
(4) 激光烧结粉末成型 (Selective Laser Sintering，SLS)

5.3.1 熔融沉积丝状材料成型

FDM 熔融沉积成型和泥条盘筑法制陶的原理类似，是将热熔性材料 (ABS、PC、尼龙、蜡) 先由类似于线轴的供丝机送进具有加热功能的喷嘴，在喷嘴中将丝状材料加热到熔融状态，再由计算机控制按照模型的截面形状喷涂出一个层面，每层建造完毕后工作面都会下降一个层高，然后将下一个层面用同样的方法建造出来，并与前一个层面熔结在一起，如此层层堆积便会获得一个三维实体。该技术非常适合模型课程原型及部件的制作 (图 5.10～图 5.12)。

优势：具有材料种类多、色彩丰富、利用率高、加工快速、操作便捷等优点，且设备及耗材价格最低，非常容易普及。

劣势：形态坡面有分层台阶，略显粗糙，强度不高，后期需要去除支撑。

图 5.10　3DP 课程中从产品形态方案设计到使用 FDM 成型设备打印模型的基本流程 | 作者：刘育斌

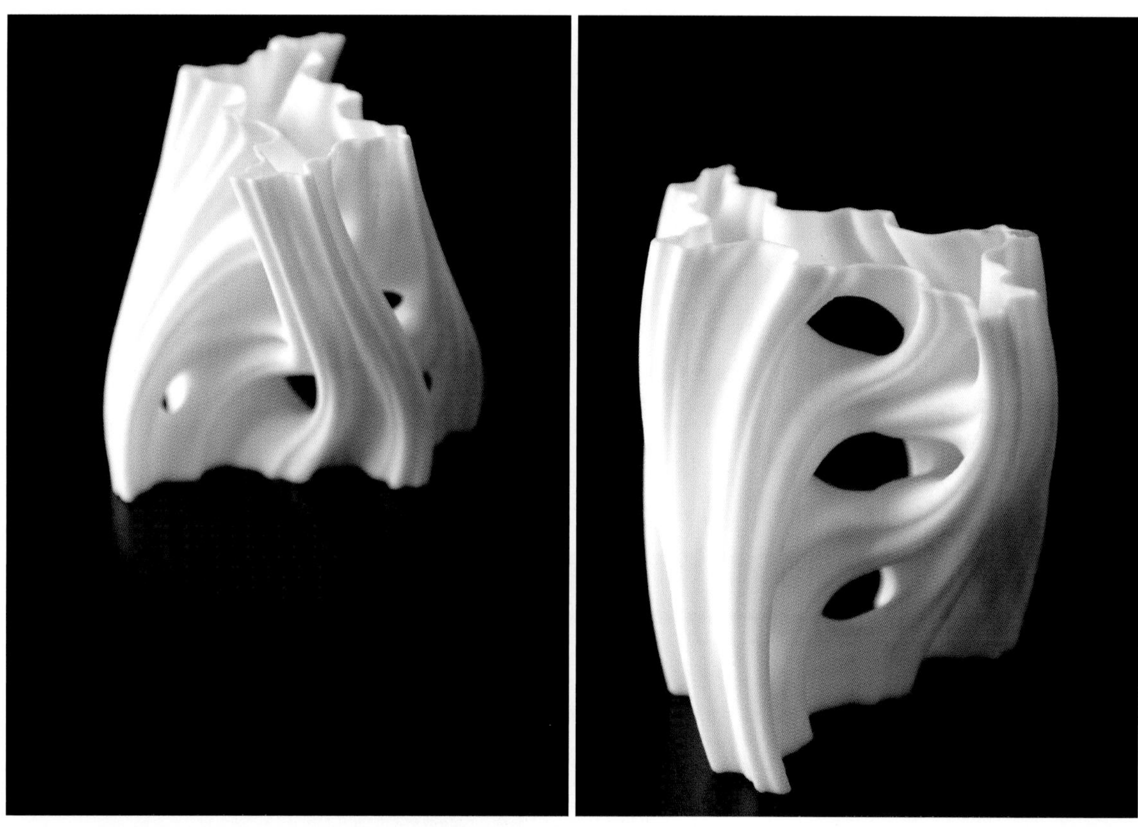

图 5.11　3DP 课程中使用 FDM 成型设备打印的模型 | 作者：刘育斌

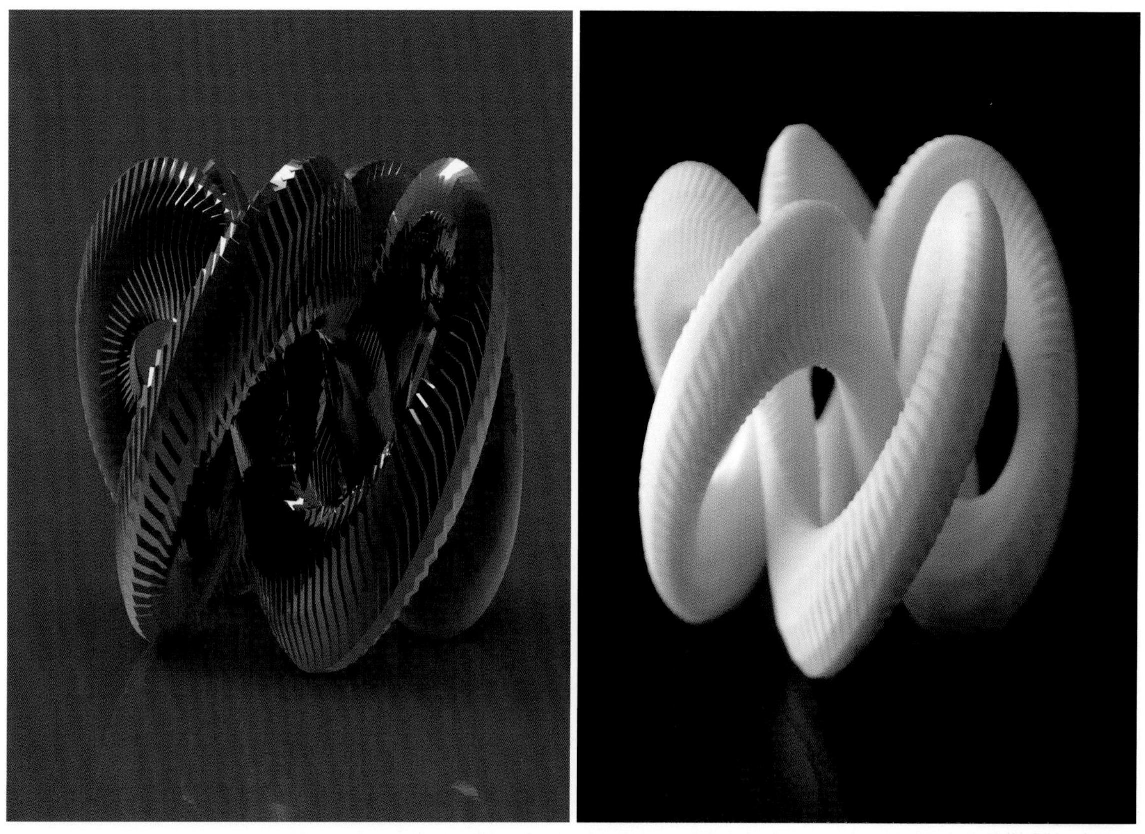

图 5.12　3DP 课程中设计效果图与 FDM 成型设备打印模型的对比 | 作者：秦铭乾

5.3.2 树脂粉末粘接成型

麻省理工学院于1993年开发出三维打印成型技术，奠定了当今三维打印系统的基础。RPB系统成型原理是先在加工平台上铺一层很薄的粉末原料，再按照模型的分层图形喷出胶水和彩色颜料，将当前层粉末粘接成一个固体彩色层面。然后，加工平台自动下降一层，再重复上一工序，如此循环便可打印出三维模型（图5.13）。该技术特别适用于形态类模型的制作。

优势：打印过程中未经喷胶的粉末可作为结构支撑并且可回收再利用，这大大增加了系统的便捷性与经济性；适合复杂形体、无加工死角、色彩丰富、操作安全便捷(图5.14)。

劣势：设备、耗材及维护成本偏高；喷涂胶水黏度一般；模型较脆、强度适中、表面略显粗糙，需要浸胶加强。

图5.13 3DP课程中使用Z printer 450打印彩色树脂模型的过程

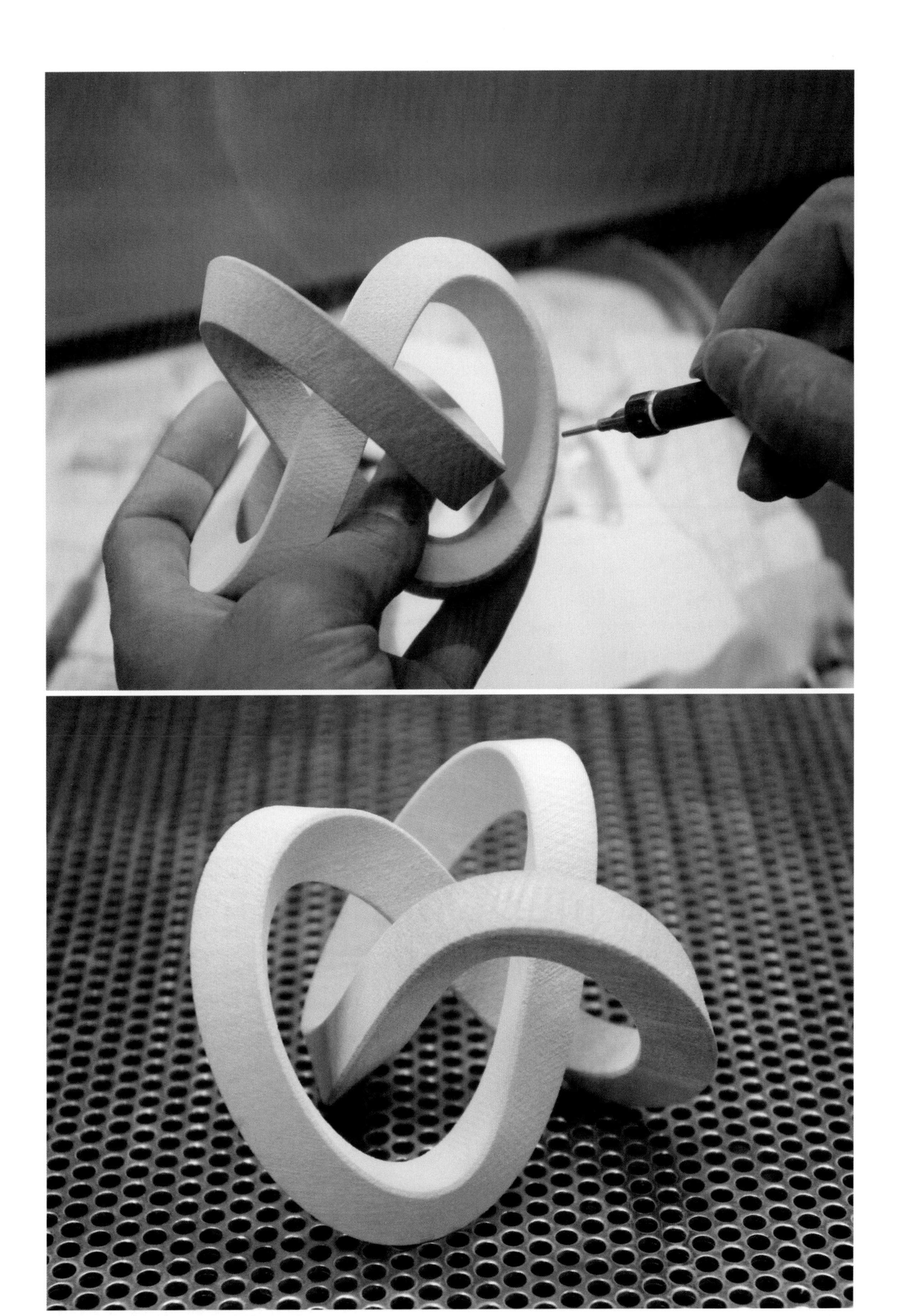

图 5.14　3DP 课程中使用 Z printer 450 打印彩色树脂模型的过程及完成效果

5.3.3 激光固化液态树脂成型

SLA是将激光聚集到液态光固化材料表面，有选择性地固化，由点到线再到面，完成一个层面的建造，而后升降移动一个层片厚度的距离，重新覆盖一层液态材料，再建造一个层面，由此层层叠加形成一个三维实体。这种快速成型技术在产品设计课程及毕业创作的表现模型中应用比较广泛，主要用于制作概念模型的原型，不太适合制作功能样件。

优势：SLA是最为成熟和应用最为广泛的快速成型工艺之一，适合制作复杂、精细的模型工件。其生成的原型精度较高，表层质量较高，具有ABS塑料的感官特点，后期表面处理效果较好，高端机型可打印的树脂原料种类较多，且可调配打印出非常丰富的色彩及质感(图5.15～图5.18)。

劣势：SLA有打印支撑结构，需要手工去除并打磨修整，对手工模型技术要求较高，光敏树脂成型后易受光退化的影响而变脆、变黄、变形。

图5.15　Objet Geometries Connex 500激光固化三维成型机

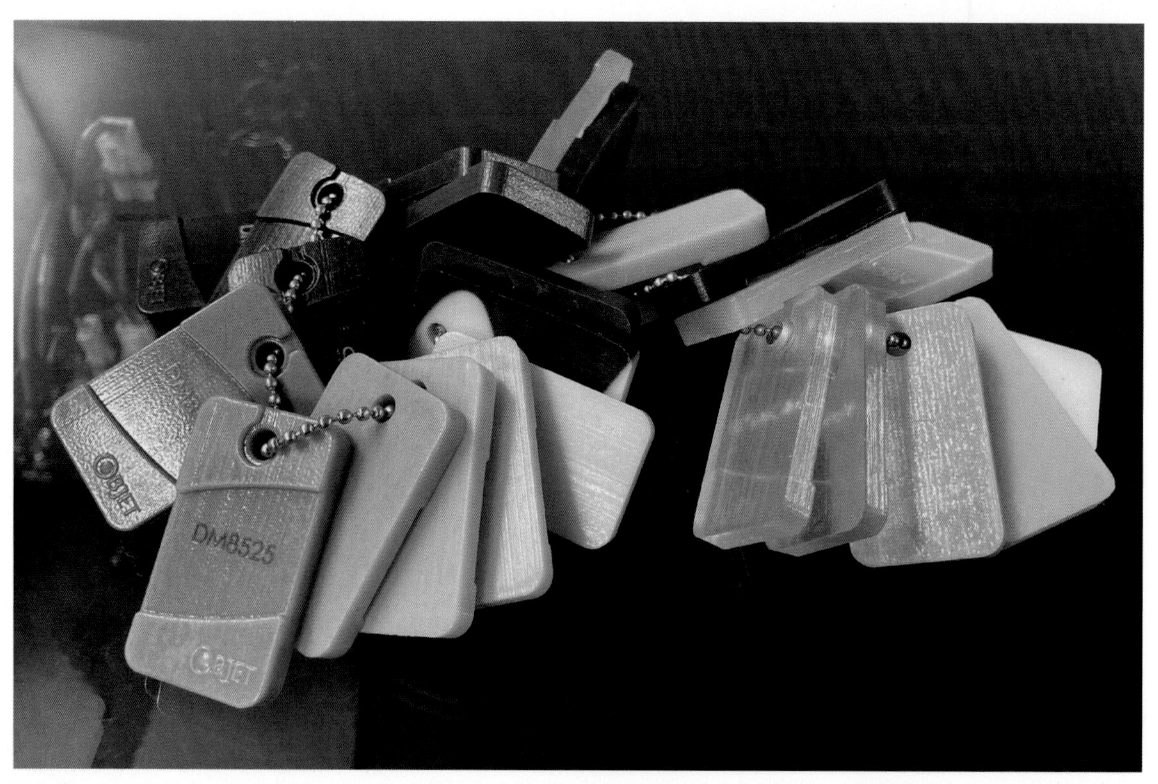

图5.16　适用于Objet Geometries Connex 500激光固化三维成型机的激光固化原料样板，可选性较强

图 5.17　工作中的 Objet Geometries Connex 500 激光固化三维成型机，打印速度较快

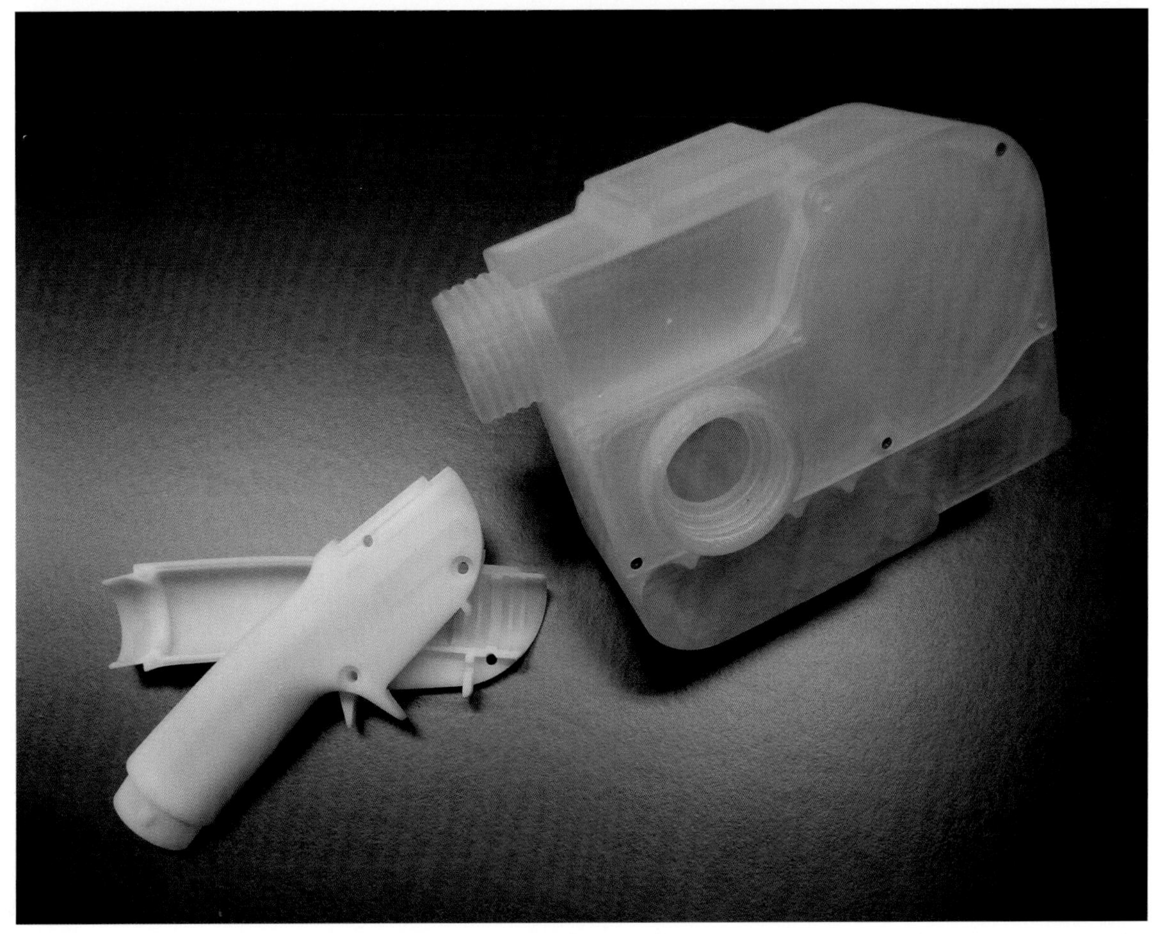

图 5.18　激光固化三维成型机打印的产品模型，通常可作为外观设计样件

5.3.4 激光烧结粉末成型

激光烧结粉末成型与激光固化三维成型在原理上十分相似。以金属粉末烧结为例，是先将金属的粉末预热到稍低于其熔点的温度，然后通过控制激光束来加热粉末，使其达到烧结温度，从而使之固化并与上一层粘结到一起，生成设计的三维实体原型（图5.19）。该技术主要应用于复杂金属模型或工件产品的成型，对于有强度需求的复杂金属模型建议通过CNC加工或失蜡铸造的方式获取。

图5.19 某品牌金属粉末打印机

图5.20 适用于产品研发、骨骼修复、工艺礼品制作等领域的金属打印制品

图 5.21　金属粉末烧结的优势在于能够突破传统机械加工流程，脱离模具铸造工序，便捷地得到具有复杂形态或精细构造的金属模型

优势：该技术适用于金属、陶瓷等材料，无须设置或去除支撑，可生成高复杂度、高精度的模型，特别是对于金属工件的开发有很大的优势（图 5.20、图 5.21）。

劣势：成型时间长、成本高，材料质地、密度、强度、韧性、刚性等特性不及真实材料，表面光洁度不够理想。随着各项技术的不断升级，其劣势也在不断降低。

5.4 快速成型的工艺方法与技术流程

各种快速成型的工艺方法虽有不同，但技术流程基本上都包括创建数据模型、协作沟通、设备加工、后期处理等步骤。本节以应用CNC减式快速成型技术实现遥操作外骨骼设计的样机为例，通过介绍从设计到实现的工作内容及关键步骤，来阐明设计创建数据模型的设计师与成型设备操作技师的工作关系及界线。

5.4.1 创建数据

所有快速成型系统都要以三维数字模型为基础，数据模型的设计要依据功能结构需求、材料力学原理，充分研判模型数据的合理性，避免因设计缺陷导致材料变形、崩坏、断裂等现象。数据模型根据设计和加工方式的不同主要分为两种方式：一种是使用Rhino、Solidworks、UG、3ds Max等软件创建；另一种是先通过三维扫描技术获取形态的点云数据，再进行逆向设计得到数据模型（图5.22），最后输出设备可识别的STL、IGES、STEP等格式的三维文件，这部分工作应由设计师来完成。

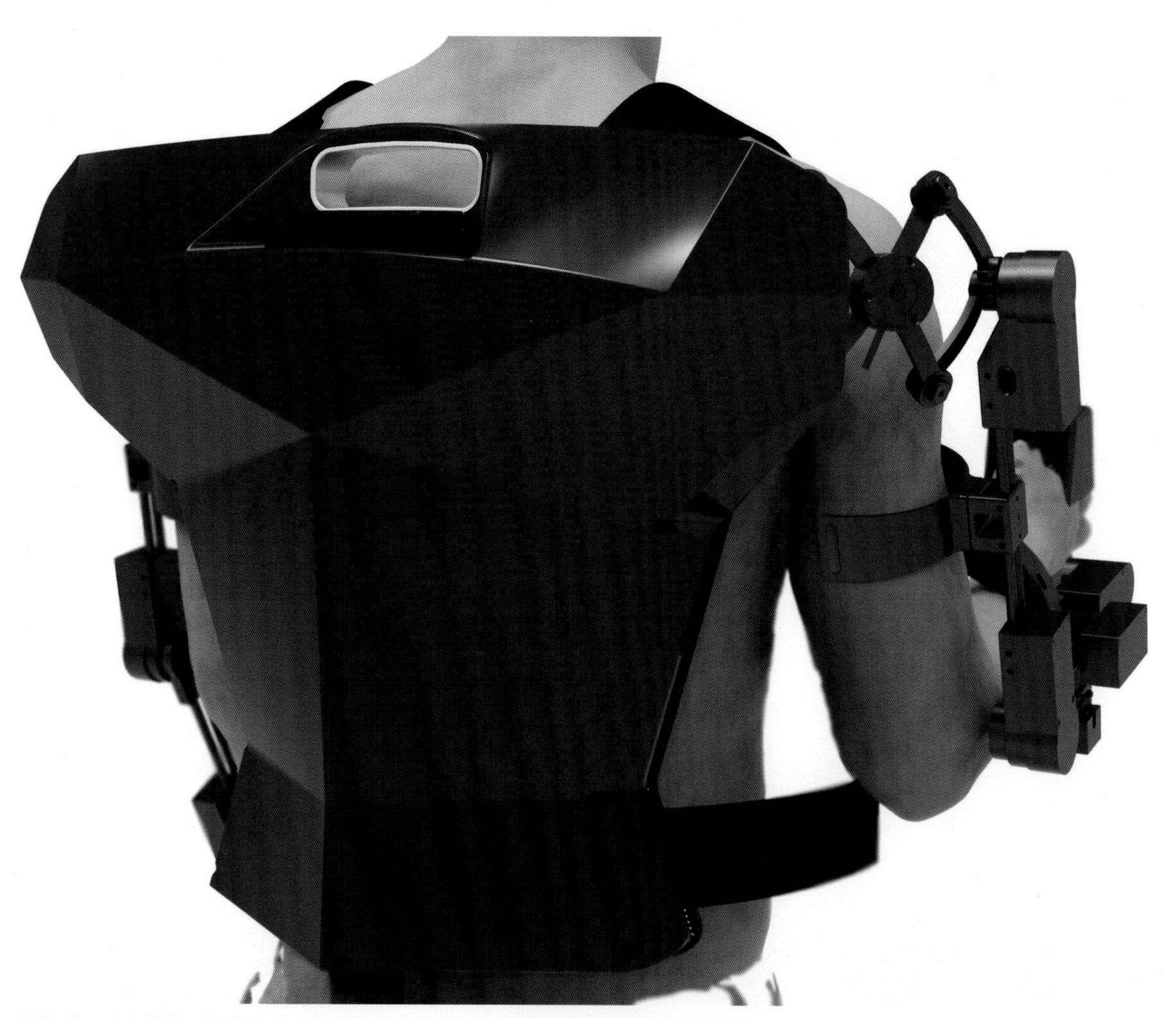

图5.22 先扫描获取操作者的三维数据，再为其设计遥操作外骨骼并建立设计数据模型

5.4.2 协作沟通

设计师通过设计端与加工端共识的 STEP、IGES 等格式文档，结合产品设计效果图、结构说明、材质要求、标准色卡等信息与成型设备操作技师进行技术交底与协作沟通，双方明确具体加工方式及材质、尺寸、比例、结构、精度、装配方式、表面处理等加工要求及标准（图 5.23～图 5.26）。

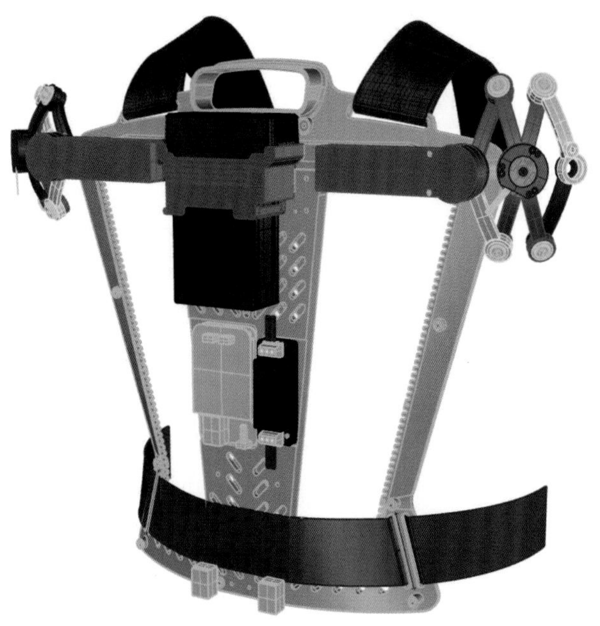

图 5.23　外骨骼背负系统主框架与硬件装配示意图

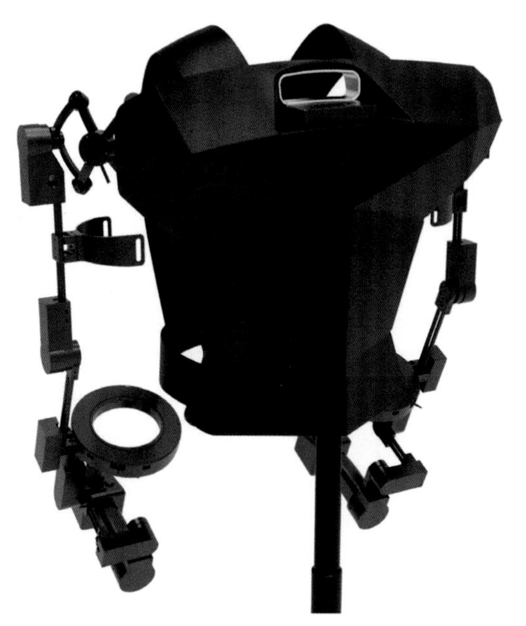

图 5.24　遥操作外骨骼设计的外部效果图

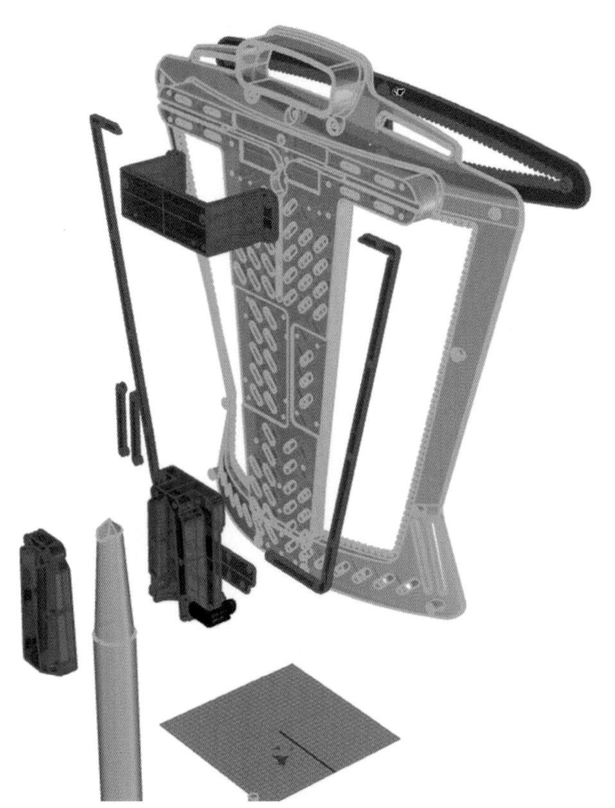

图 5.25　遥操作外骨骼设计的内部结构爆炸图

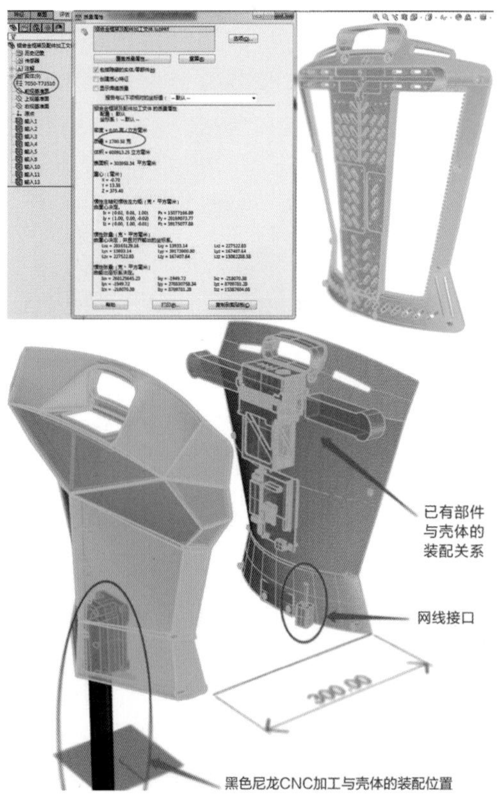

图 5.26　主框架质量分析及样机制作的结构说明和材质要求

5.4.3 设备加工

首先，根据模型尺寸、材料规格、设备轴数、加工范围等具体指标对数据模型进行编辑，形成加工文件；然后，对其进行分层处理和加工路径设置，在加工模型 z 轴方向，按一定间隔进行分层处理，并按层截面图形依次进行扫描式加工。为提高加工精度和效率，通常将加工分为粗加工和精加工两个步骤。分层与刀具路径设置参数根据成型文件的精度和生产效率的要求选定，参数越小，精度越高，加工时间越长，成本也就越高。这个过程主要包括选备材料、编辑刀具路径等加工数据、材料装夹固定上机、加工坐标系与刀具校对、数据传输开始 CNC 加工、完成后卸取工件，需要 CNC 设备操作技师来协助完成(图 5.27～图 5.29)。

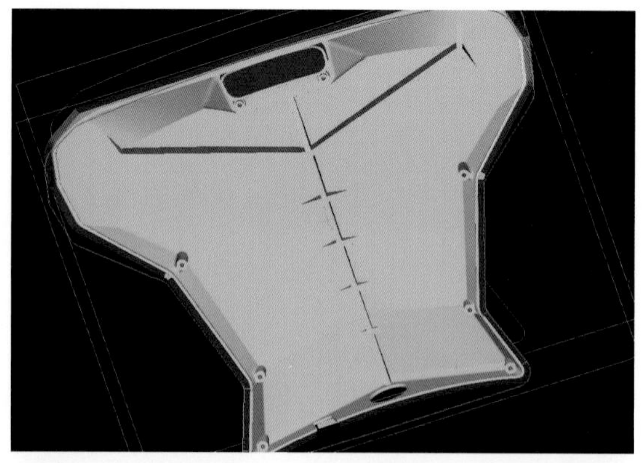

图 5.27　加工设置三维数据模型，按 z 轴方向分层处理

图 5.28　CNC 加工 ABS 三维实体原型的精加工步骤

图 5.29　使用 7050 铝合金 CNC 加工的外骨骼主框架，达到高强度要求且质量仅为 1700g

5.4.4　工件修整

CNC模型加工完成后，避免不了要去除支撑等多余部分，同时要保证设计形态的准确和完整，有时还要对加工死角、加工瑕疵等进行修整，由设计师和专业模型师进行细节修改(图5.30～图5.32)。对于表面需要电镀、阳极化处理的工件，以及材质透明和对强度有要求的工件，不建议分体加工再拼接，这部分工作可由设计师来完成。

图5.30　CNC加工实体原型，做去除支撑及攻螺纹等后期处理

图5.31　CNC加工成平板实体后，手工弯曲成所需弧度

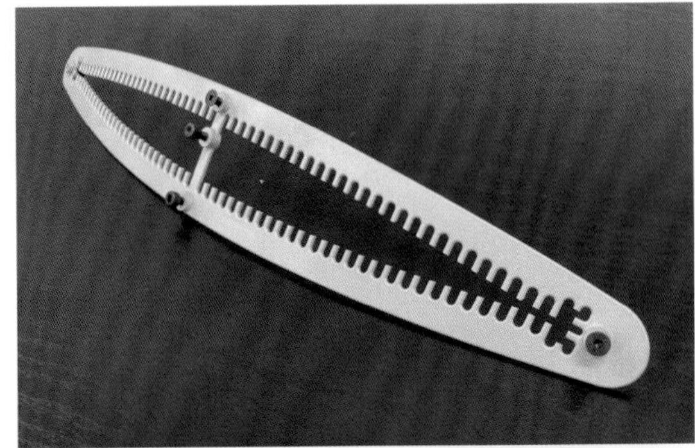

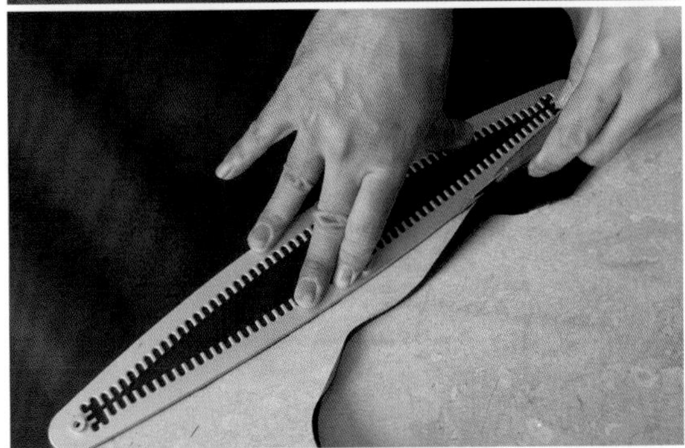

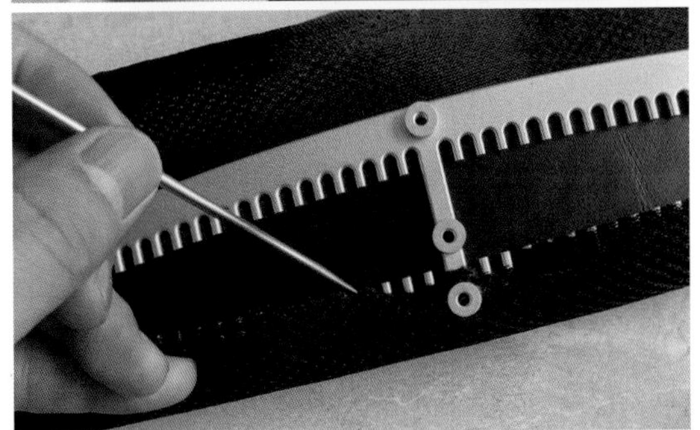

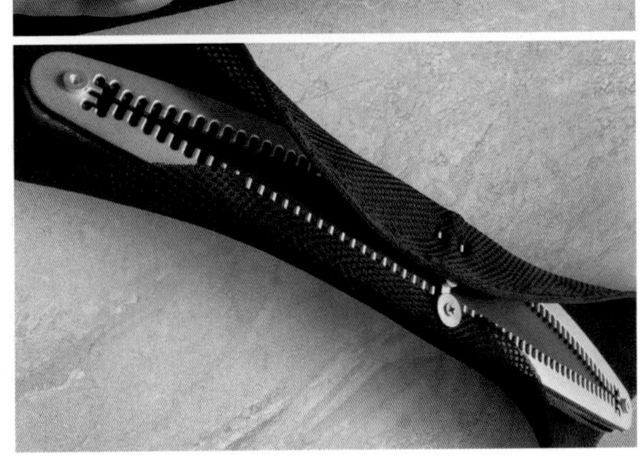

图5.32　在CNC铝合金骨架上手工绷制肩枕

5.4.5 表面处理

根据设计效果与表面处理工艺的要求，先对工件的表面进行打磨、喷砂、拉丝、抛光等工艺操作，然后进行染色、喷漆、电镀、阳极化、转印等专业处理，设计师应全程参与该部分工作，控制加工质量(图5.33、图5.34)。

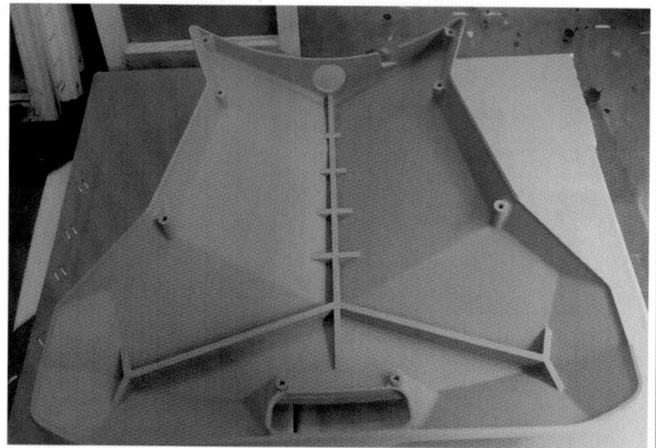

图5.33 喷漆是ABS外壳样机最常用的表面处理方式，灰色是喷涂底漆的效果，亚黑色是最后的面漆喷涂效果

图5.34 CNC加工完成时铝合金主框架的表面效果，及其表面进行了喷砂与阳极化处理后的不同效果

5.4.6　模型组装

根据功能、结构等设计要求，组装加工好各个部件。对结构复杂或有功能要求的模型，还可装入灯光、机芯等部件，完成模型或样机应有的产品设计展示效果（图 5.35～图 5.37）。

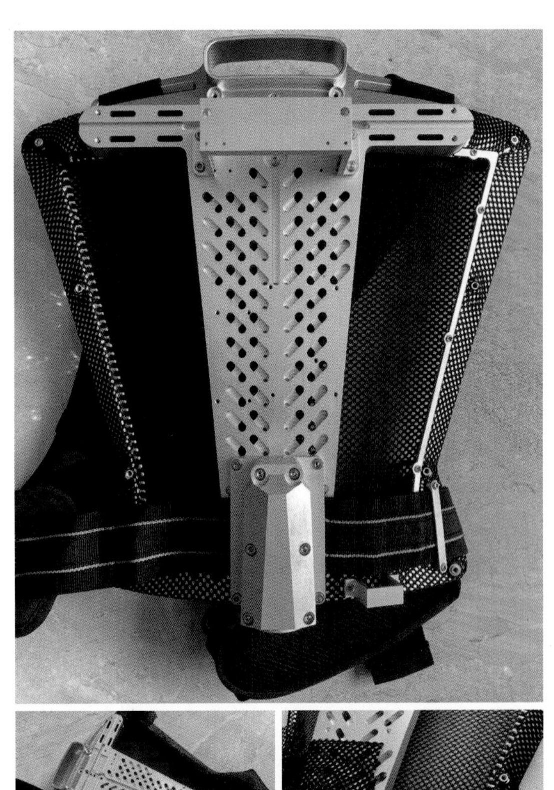

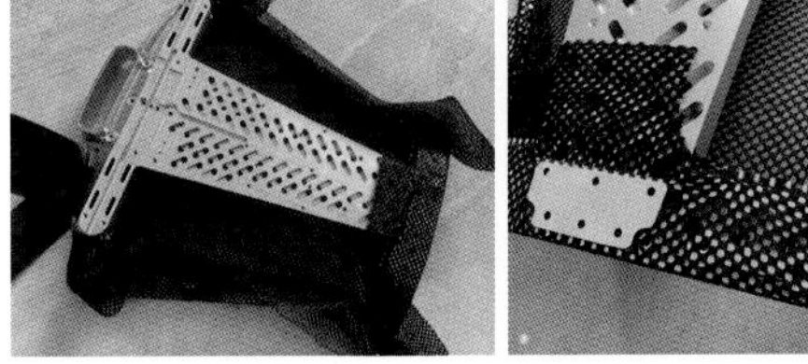

图 5.36　手工绷制网格布面，组装背负系统

图 5.35　组装调试电器硬件以实现其真实功能

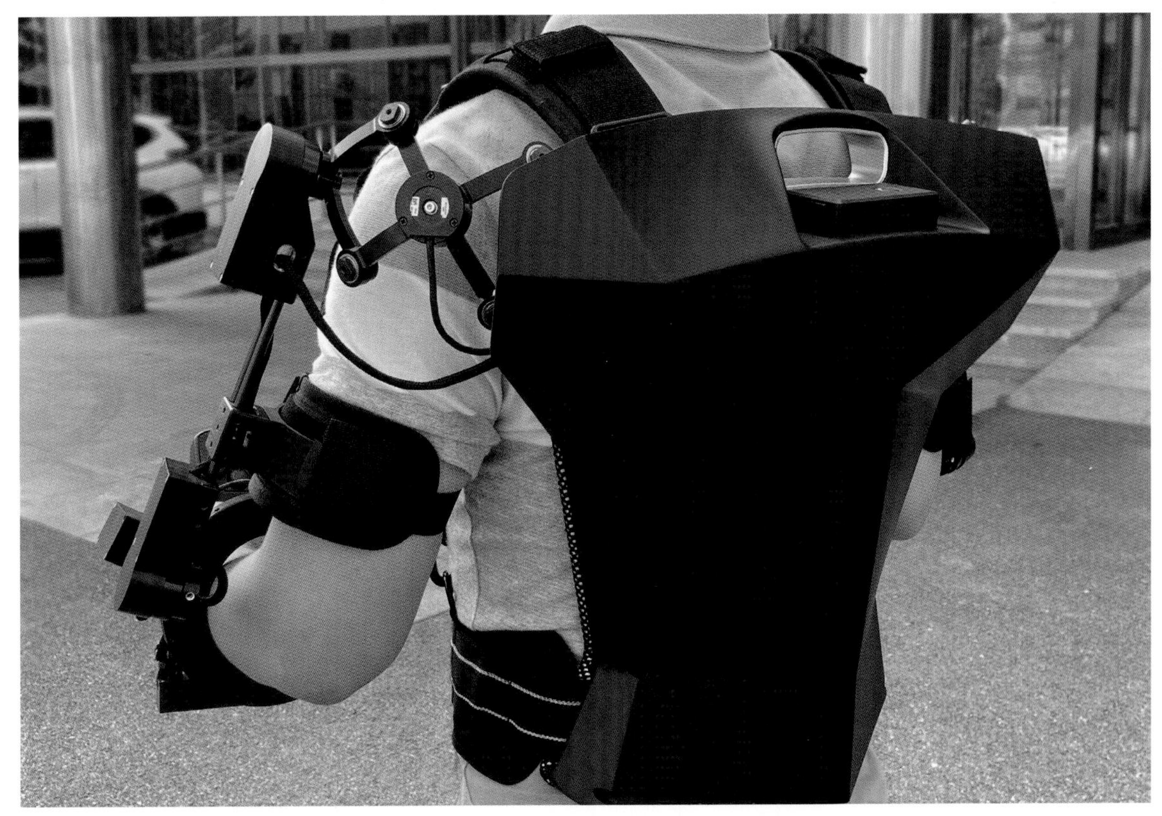

图 5.37　中国科学院沈阳自动化研究所遥操作外骨骼设计与样机制作 | 作者：焦宏伟

本章思考题

(1) 快速成型技术对模型塑造有哪些影响?

(2) 如何理解快速成型技术与模型塑造之间的辩证关系?

(3) 举例说明减式成型与加式成型的优缺点及区别。

(4) 简要阐述快速成型技术的工艺流程。

第 6 章
产品设计模型表面处理

本章要点

■ 因材而异的 CMF。
■ 模型表面基础处理工艺。
■ 模型表面喷涂工艺。
■ 模型表面质感处理工艺。
■ 模型表面印制工艺。

本章引言

当产品设计模型的形态完成以后，另一个决定产品设计质量的要素会随之而来，那就是产品设计模型表面处理，其中包括打磨、喷涂、阳极化、丝网印刷等工艺。近年来，模型塑造技法在继承传统表面处理工艺的同时，还不断学习应用新的表面处理工艺，以提高和改进产品模型表现的效果。本章课程实践中应用了电镀、水转印、阳极化、染色、激光打标等工艺。随着新材料、新工艺、新观念的发展，产品模型表面处理的材料与工艺的搭配方案趋向多元化，产品表面也更美、更新、更优异。

6.1 因材而异的 CMF

产品外观表面设计(Color Material Finishing，CMF)是对颜色、材料、表面处理的概括。产品表面效果是与这三要素综合关联的，三要素中的每一项都不是孤立存在的。例如，产品上的颜色要比画布上的颜色复杂得多，这是因为产品除了固有的色彩属性，还包含透明度、粗糙度、反光度、折射率等材质属性。又如，由于着色工艺的不同，将国旗使用的红色染在透光喷砂玻璃上，则会产生与国旗有较大区别的视觉效果。在产品表面设计中，应用艺术肌理、纳米材料、镭射镀膜等新材料、新工艺，已成为寻求产品设计创新的重要渠道。

从模型塑造表达产品设计的角度来看，本章侧重表面质感表达方式的研究。表面处理工艺是建立在相应材料特性基础上的，多数金属适合电镀工艺，木材则不适合；喷涂工艺几乎适用于所有材料，尼龙与POM则不适合，有的表面处理工艺方便快捷，工具条件要求较低，适合手工操作；有的表面处理工艺烦琐，制备条件要求较高，适合规模化操作。

值得注意的是，很多表面处理都会使用化学工艺，对自然与生态造成了极大的损害。如阳极化会产生大量的有害废水；鞣革工艺采用了一系列物理与化学的方法使皮革变得柔软、细致、平滑且色泽均匀、美观。党的二十大报告提出："加快节能降碳先进技术研发和推广应用，倡导绿色消费，推动形成绿色低碳的生产方式和生活方式。"等一系列战略要求，因此即便鞣革工艺可使产品具有精美的表面效果，在设计时也不建议采取该类表面处理工艺，要采用创新的、自然的、无污染的表面处理工艺。设计可以引领自然的材质美、巧夺天工的工艺美，如铝合金的高光雕铣工艺，使用特质刀具就能雕刻出镜面般的光泽表面，无须采用电镀等其他表面工艺。

产品表面设计风格多样，有的追求色彩艳丽、质感高贵、工艺精美，也有的追求古朴自然。由于设计图片与电子设备显示存在较大的色差，为了达到表面实际处理色泽与设计效果的高度一致，设计与操作双方通常采用共有的标准色卡进行色彩与质感的要求、确认、校对等沟通工作。在标准受限时，也可采用通识参照物来实现标准的统一。

希望学生通过本章的学习，能够根据不同的设计需求，选择并掌握适合模型表面处理的工艺。每一个设计的表达都有属于它自己的性价比最高的材料选择与制造工艺选择，设计师应该学会做出这种选择(图6.1～图6.3)。

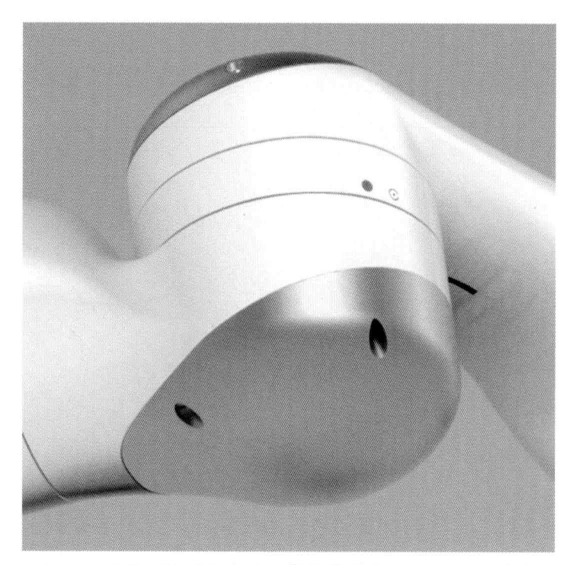

图6.1 关节臂材质表面搭配的设计效果

图 6.2　通过注塑实现多种色彩与质感的表达，可省去产品的二次表面处理 | 样板提供：励进（东莞）精密工业有限公司

图 6.3　PANTONE 的色彩管理系统，可通过设定的光源环境有效实现统一的色彩标准

6.2 模型表面基础处理工艺

模型表面基础处理是指在形态塑造完成后，以手工的方式使用简便工具，对形态材料本身进行物理的、机械的细化处理与完善。“三分漆、七分底”较为贴切地说明了修补、打磨等基础处理工艺对模型表面效果的重要性，其主要工艺与方式有以下几种。

图6.4 光亮的喷漆更容易显现模型表面不平顺等瑕疵，为避免图中的情况，需要在喷涂面漆前打磨好模型表面

6.2.1 修补

修补是指对模型材料因加工错误、操作损坏等产生的瑕疵进行修整与填补，主要方式有使用原子灰等腻子类材料填补、将相同的模型材料粉末混合胶水后填补、将材料粉末加热熔化后填补、焊接填补等。具体选用哪种修补用料和工艺，还要考虑后期表面处理工艺的要求，如补料与喷涂漆料的化学性质要相宜，不可采用相互反应剧烈的材料；再如，采用电镀与阳极化等工艺的模型需要使用单体独立的材料，不可混杂其他材料(图6.4、图6.5)。

图6.5 通常模型表面在喷完灰色底漆后更容易显现瑕疵，可用黄色的原子灰填补较大的缺失、用红灰填补划痕或孔隙

6.2.2　打磨

打磨是模型表面处理比较重要的基础工序，优质的模型表面都会有粗糙度要求。粗糙度是由不同材料的不同表面处理工艺决定的。木材、金属、塑料的表面如需喷涂漆面，为了得到较好的附着力，其表面应由 600～800 目的砂纸打磨均匀；这些材料即便是采用本色或透明漆面，也需使用 1200 目水磨砂纸打磨出均匀的亚光效果；而需要电镀的模型表面则需要使用 2000 目以上的水磨砂纸进行高光洁度的打磨。因此，需要根据表面处理工艺的粗糙度要求选对研磨工具的规格和型号；根据形态的平、曲、凸、凹特征，使用适型的砂纸架、橡胶砂纸板、砂纸棒等工具，使打磨工具与打磨形态有相呼应的稳定状态，并用与之相适应的力度、角度、速度进行塑形打磨。力度不能过大，要靠快速多次的平稳运动来打磨。切不可将砂纸像软布擦桌子一样使用，因为这样会将形态的线形、渐变、转折、起伏等细节特征“一扫而光”，这种“随弯就弯”的打磨，还会使形态上出现不期望的起伏，导致形态的平顺度缺失。为避免出现此问题，打磨方向要有规律性，常见的有“0 字形”“X 字形”“8 字形”等打磨轨迹（图 6.6）。

图 6.6　模型由于加工的精度、支撑、死角等问题会产生粗糙、残料、台阶、过切等瑕疵，需要进行精细的打磨处理

6.2.3 喷砂

喷砂工艺广泛应用于金属及玻璃的表面处理，能高效地去除模型加工过程中产生的磨痕、刀花等，形成均匀哑光的材料表面，而且能提高涂层的附着力及耐磨度。其工艺原理是通过气动设备将均匀细小的喷料颗粒喷向材料表面，产生撞击，达到除锈、去毛刺、去氧化层等目的。模型使用该工艺更多的是将其作为使表面形成均匀质感的方式。通过调节喷砂气源压力、距离、速度、幅度、角度，以及选用不同粗细度的不同类型的喷料，可实现设计所需的多种表面质感效果。例如，使用 50 目金刚砂、气压 0.6MPa、远距离、大幅快速，可喷出清晰锐利的表面质感；又如，使用 100 目玻璃丸、气压 0.2MPa、近距离、小幅慢速，则会喷出柔和温润的表面质感(图 6.7、图 6.8)。

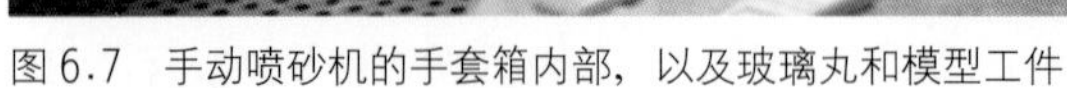

图 6.7 手动喷砂机的手套箱内部，以及玻璃丸和模型工件

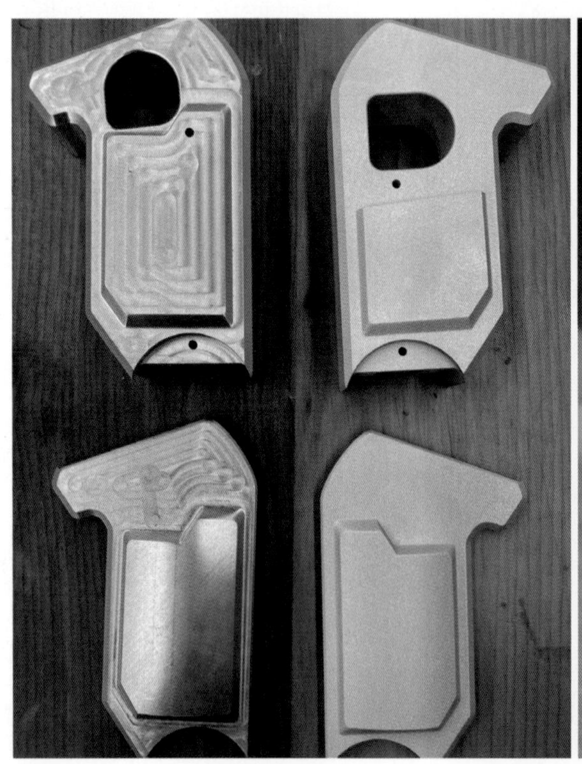

图 6.8 铝合金模型表面喷砂前后效果对比，形成均匀的表面视觉效果是该工艺的重要目的

6.2.4 拉丝

产品模型经常会使用拉丝的工艺表现塑料或金属的材质美感，有手工拉丝和机械拉丝两种方式，效果有直纹、CD 纹等。直纹拉丝是指在材料表面用拉丝布划出连续或断续的直线纹路，手工与机械均可操作；CD 纹则是通过电动设备旋转带动拉丝布在工件上形成靶形纹理，具有很好的装饰效果。拉丝纹理会因拉丝布的粗细、操作力度与速度、材料软硬度等因素产生很多区别，尤其是手工操作会产生更灵活的效果(图 6.9、图 6.10)。

图 6.9　油泥刮刀创新设计的白钢手工直纹拉丝效果

图 6.10　产品薄铝合金面板的机械直纹拉丝效果

6.2.5 抛光

抛光是将较为致密的固态材料在精细打磨的基础上进行高精度的研磨，通常是为了达到塑料与木材漆面光亮的效果、亚克力等材料晶莹剔透的效果、金属本色镜面的效果等(图6.11)。具体的抛光方式较多，既有使用软布蘸牙膏这种普通且便捷的手工抛光方式，又有为了达到更高光洁度而采用电动羊绒轮结合打抛光蜡的高速机械抛光方式，还有可熔材质的火焰抛光方式、金属的化学抛光方式、高精度 CNC 镜面加工等。

图 6.11 铝合金模型表面经过手工精细抛光达到的镀铬效果

6.2.6 炙蚀

并非所有的产品表面都要求光滑精致，有些产品需要特殊的表面处理工艺，如高温炙烤木材进行碳化或防腐，使其产生独特自然的表面效果（图 6.12）；又如，对花岗岩等石材进行火烧或对金属表面进行酸碱锈蚀，使其产生斑驳的肌理，从而表现艺术质感。

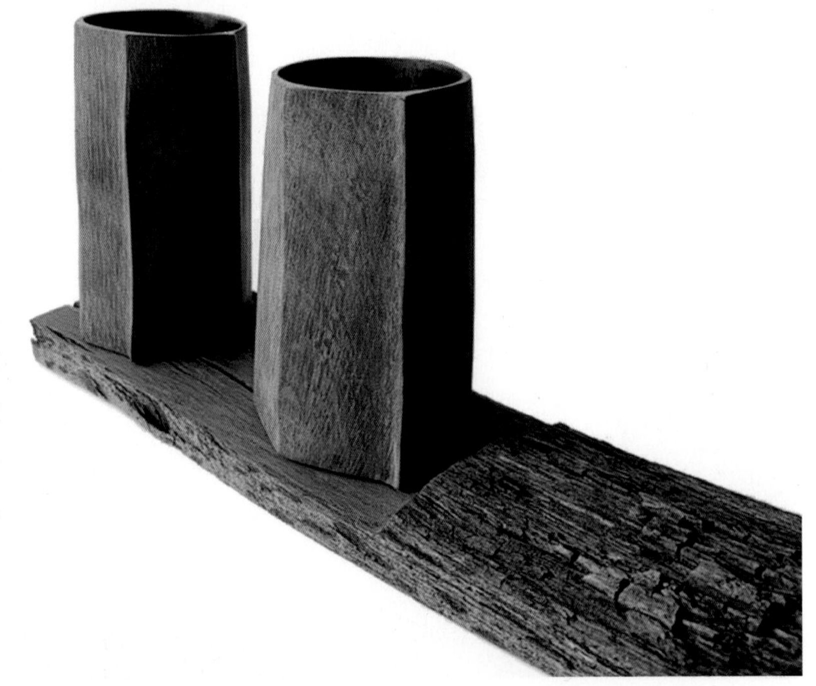

图 6.12 艺术家卢克 · 霍普创作木器时能够尊重每一块木头的生命与性格，表现出木材特有的艺术造型与质感

6.3 模型表面喷涂工艺

完成模型表面的基础处理后，为了达到更符合设计审美、光泽均匀、色彩柔和的表面效果，通常会对模型进行表面的喷涂处理，使其更美观、更耐用。

由于模型课程工件尺寸小、数量少，多数采用手工喷涂，因此可根据设计要求和时间安排进行不同喷涂的训练。模型表面虽然可通过遮挡喷涂的方式制造分色与图案，但往往效果不佳，不建议使用，而应按结构部件分体独立喷涂。

无论采用哪种喷涂工艺，都需要先将模型表面进行修补和打磨，再进行喷涂底漆、面漆、抛光等一系列复杂的工序，达到光泽均匀、无流淌、无橘皮的喷涂效果。各种喷涂工艺均需要有一定的专业技术经验及专业设备场地。针对不同材质、不同需求的喷涂工艺主要有以下几种。

6.3.1 自喷漆

自喷漆是一种使用方便的喷漆，也称手喷漆或罐漆。它是将漆料与压缩空气罐装，通过下压喷嘴喷出漆料。漆料是消基漆，具有稳定的化学性能，干燥快速、强度适中、适用范围广。消基漆具有几十种常用的颜色和质感，能够表现出大多数普通产品的表面效果（图 6.13）。

图 6.13 使用几种单色自喷漆混合喷涂出底色，在其未干时洒上铁锈粉末能形成更真实的效果

6.3.2 枪式喷涂

枪式喷涂是一种液态漆料喷涂方式，通过气泵的压缩气体将喷枪里调配好的漆料喷出，有手工和自动化两种操作类型。它适用于绝大多数固态材料，广泛应用于手板模型、汽车钣金烤漆、木器家具、塑料制品等。漆料有消基漆、醇酸漆、聚酯漆、水性漆等类别，它们的化学性能各不相同，适合不同材质，不能混用。其特点是可调配出具有丰富色彩和质感的漆料，如最新研制的可与电镀效果媲美的喷镀漆料，漆面的牢固度和耐磨度等物理性能均较好（图6.14～图6.16），但也具有工序复杂，技术要求较高，需要专业的气源、喷枪、水幕、烤房等设备场地的局限性。因多使用化学溶剂，操作者需要做好健康防护及过滤收集空气和废水的工作，否则会造成环境污染。

图6.14 喷涂底漆的目的是统一色度，方便显现表面瑕疵

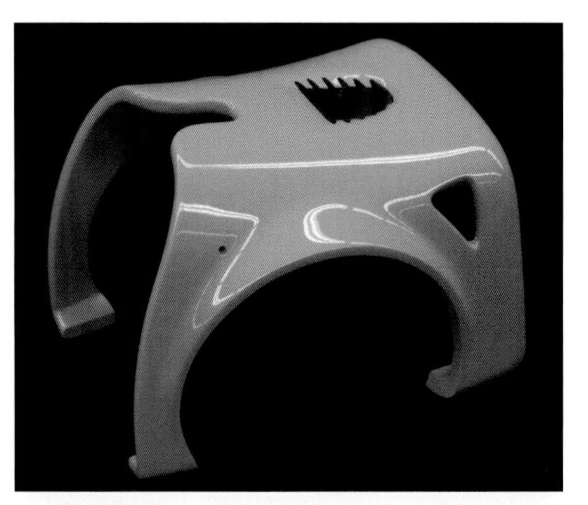

图6.15 罩完光油的面漆光泽度更好，但工艺要求高且耗时

图6.16 枪式喷涂非常适用于表现产品设计模型的丰富色彩和质感

6.3.3 静电喷塑

静电喷塑是静电粉末喷涂的简称，广泛应用于金属材料的表面处理，适用于小批量手工作业及大规模自动化生产，作业生产效率高，具有一定的规模效应。静电喷塑是将干燥的彩色聚酯粉末通过静电粉末枪喷出来，使带电荷的粉末粒子在气流和静电引力的作用下被均匀地吸附到接地的材料表面，再在160～210℃的烤炉中加热20min，使粉末熔融流平后固化成膜，最终形成质地均匀，色彩丰富，具有良好附着力、耐磨度、耐候性等优异特性的表面涂层(图6.17、图6.18)。

静电喷塑还具有不使用化学溶剂，无废液、废气，未被吸附的粉末能够100%回收，操作简便，自动化程度高，效果优良且易控等优势。但与液态喷涂相比，静电喷塑又有适用材料偏少、需要专业设备场地、能耗偏高等劣势。

图6.17 手持静电粉末枪喷塑的工作场景

图6.18 色彩、质感、耐候性均佳的波纹护栏板表面喷塑效果

6.4 模型表面质感处理工艺

考古团队挖掘秦俑时，发现了一把“沉睡”了 2000 多年的青铜剑，剑身光亮平滑、锋利无比。研究发现，剑的表面有一层采用近代先进工艺才能做出的 10μm 厚的铬盐化合物。这是如何做到的虽然还是个谜，但镀层的防锈蚀性能可见一斑。

近年来，随着金属、塑料表面电化处理工艺的迅速发展，产品模型表面也越来越多地使用阳极化、电镀、染色等质感处理工艺，在提高模型耐用性能的同时，增强了模型的表现效果。铝合金光亮本色阳极化工艺、多种艳丽色泽的染色工艺、透光材料全彩的真空镀膜工艺等呈现出多样的表面风格，给产品设计模型的创新表现提供了坚实的技术基础。

6.4.1 阳极化

阳极化是一种在铝合金、铜合金等金属表面形成氧化保护膜的电化学工艺，是使用最广泛的、成熟的金属表面处理工艺。采用此工艺需先对制品进行喷砂、清洗、抛光等物理及化学的基础处理，然后将其浸在电解质溶液中通过阳极电流，使其形成抗腐、耐磨且具有装饰性的表面。在产品设计模型塑造课程中，使用最多的是铝本色光亮阳极化与深灰绿色的硬质阳极化，不同系列的铝合金及其他类别的合金制品氧化后呈现的色泽会有较大区别，因铝合金的氧化膜为多孔结构，容易吸附颜色，故可根据设计需要进行染色，以提高模型的表现效果。模型表面会因氧化时间的不同产生一定程度的色差，为实现产品设计模型部件理想的氧化色泽，需要遵循氧化规律并结合经验进行操作（图 6.19～图 6.22）。

图 6.19　机器人铝合金部件光亮阳极化的过程

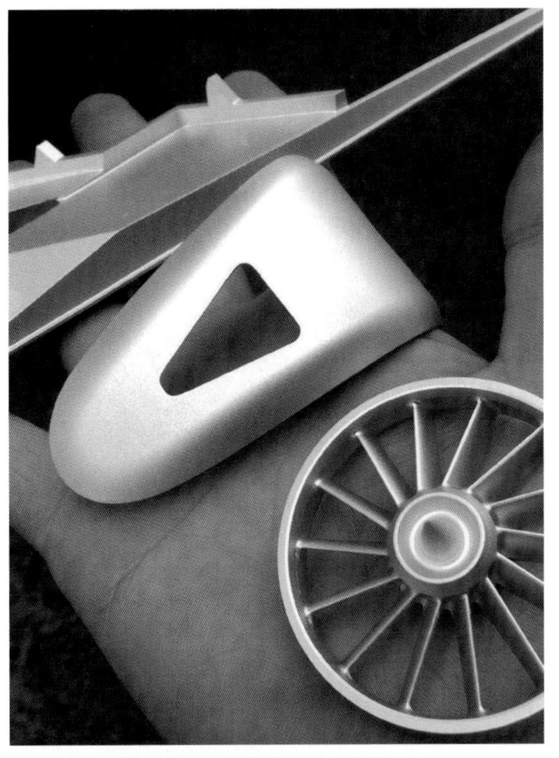

图 6.20　机器人铝合金部件光亮阳极化的效果

图 6.21　铝合金奖杯的阳极化染色效果

图 6.22　色彩与质感较为丰富但不易控制的硬质阳极化效果，需根据经验预判色彩效果并尽量减小色差

6.4.2 电镀

电镀是根据电解原理在金属或塑料表面附着形成金属或合金薄层的工艺，主要有防止金属氧化、提高耐磨性的保护性作用，以及提高光泽度、增进美观的装饰性作用。依据不同的电解材料，电镀分为镀铬、镀铜、镀锌、镀锡、合金镀等多种类型，可获得设计需要的功能性表面镀层。

产品表现类模型采用最多的是镀铜与镀铬。镀铜的装饰性较强，因铜镀层较易氧化，故需在其表面再镀铬或喷涂透明保护层。镀铬表层硬度高、耐磨性好、反光强，是性能优良的装饰镀层。

随着材料科技的迅猛发展，近年陆续出现了水电镀、真空电镀、纳米喷镀、蒸发镀膜、磁控溅射镀膜等一系列新的表面处理工艺，并表现出适用范围广、易操作的优势，以及具有高反光、易清洁、耐磨性好、绚丽多彩的表面效果，为模型表现提供了更丰富的技术资源（图 6.23～图 6.25）。

图 6.23　金属板镀铜特有的高级装饰效果

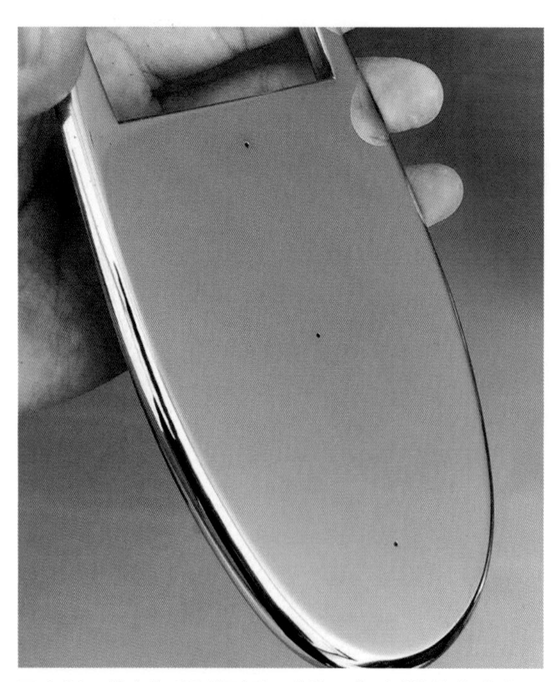

图 6.24　抛光的 ABS 模型采用水镀工艺形成镀铬的质感

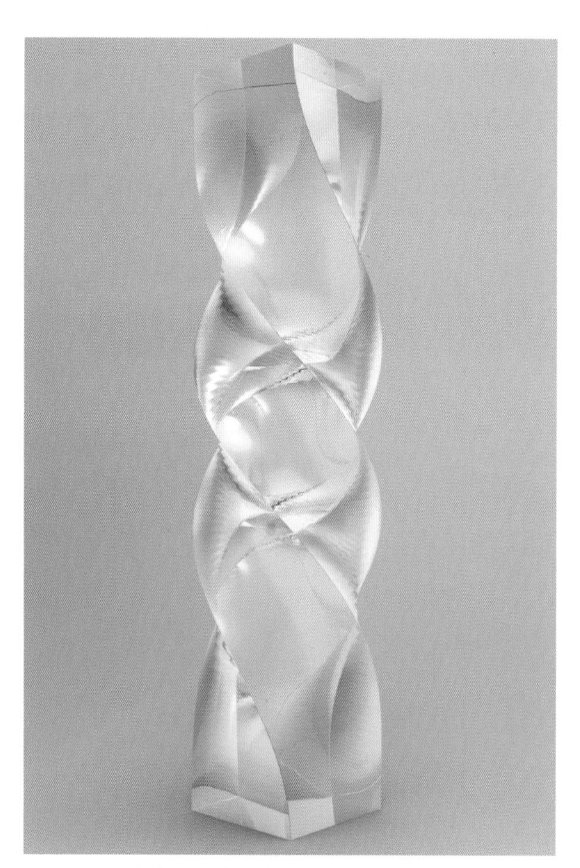

图 6.25　亚克力多层光学镀膜具有彩虹般绚丽的色泽

6.4.3 染色

染色通常是指用物理加热渗透或化学反应的方法，用天然颜料或化学染料液体浸染物体使其着色的工艺。织物与木材等纤维材料的染色之法自古有之，现代模型塑造借鉴和发展了传统的材料染色工艺。亚克力染色便是模型材料染色最典型的工艺，是便于实验室操作的简便工艺，主要适用于对透明或半透明亚克力等化工材料进行染色，可以使其呈现出设计的各种色泽，达到如彩色透明注塑产品般清澈鲜明的艺术效果，也可产生如果冻或宝石般的效果，具有其他表面处理工艺不可替代的优势（图 6.26、图 6.27）。

图 6.26　染色工艺具有色彩艳丽、晶莹剔透的装饰效果

图 6.27　染色处理是亚克力制品由素到彩的点睛步骤

6.5 模型表面印制工艺

为了更好地体现产品设计的完整性和样机模型的真实效果，通常会进行模型标识、表面纹理等内容的印制，常用的印制工艺有以下几种。

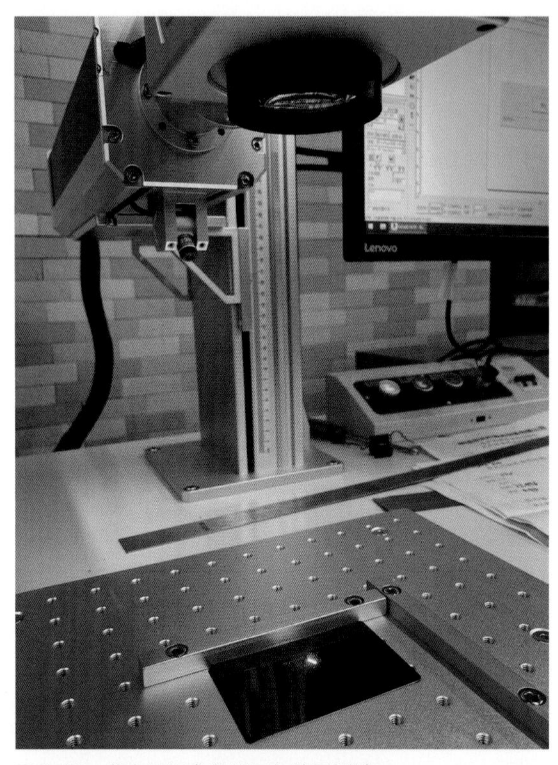

图 6.28　激光打标参数设置与效果测试

6.5.1 激光打标

激光打标也称镭射雕刻，是一项技术成熟、应用面极广的标识工艺，具有极高的加工精度和灵活的表现内容，可对木材、塑料、金属、皮革等模型材料进行加工。其工艺原理是，由激光发生器聚焦激光束，依据设计的文字图形路径进行扫射，使微量厚度的表面材料瞬间灰飞烟灭，形成蚀刻类的烧痕状印记，具有精致、艺术化的表现效果（图 6.28、图 6.29）。

图 6.29　激光打标工艺应用于拉丝白钢表面具有精致、艺术化的表现效果

6.5.2　丝网印刷

丝网印刷是一项较为传统的技术，有广泛的应用领域，是将油彩通过尼龙或金属网的镂空图案刮印在模型表面的工艺。由于丝网经常被绷制成平面，而模型以曲面居多，因此在模型塑造中，丝网印刷多用于小面积、微弧曲面的标识或涂饰表现（图 6.30～图 6.32）。

图 6.30　丝网印刷在版画艺术中的应用

图 6.31　丝网印刷在产品样机表面处理中的应用

图 6.32　丝网印刷在小批量日用纪念品中的应用

6.5.3 水转印

水转印又称立体印刷，是近年发展起来的具有较强优势的表面披覆工艺，几乎适用于所有固态的物质，尤其适用于 ABS 塑料模型，可赋予模型逼真的肌理质感。

水转印的工艺原理是，使印有肌理图案的薄膜漂浮于水面，喷涂活化剂，使图案基层微融而产生附着力，将表面打磨处理好的模型，迎水面缓缓压入图案区域，利用水的表面张力使图案贴附于模型表面，然后通过清洗、烘干、喷清漆、抛光等工序达到仿真材质的效果（图 6.33）。

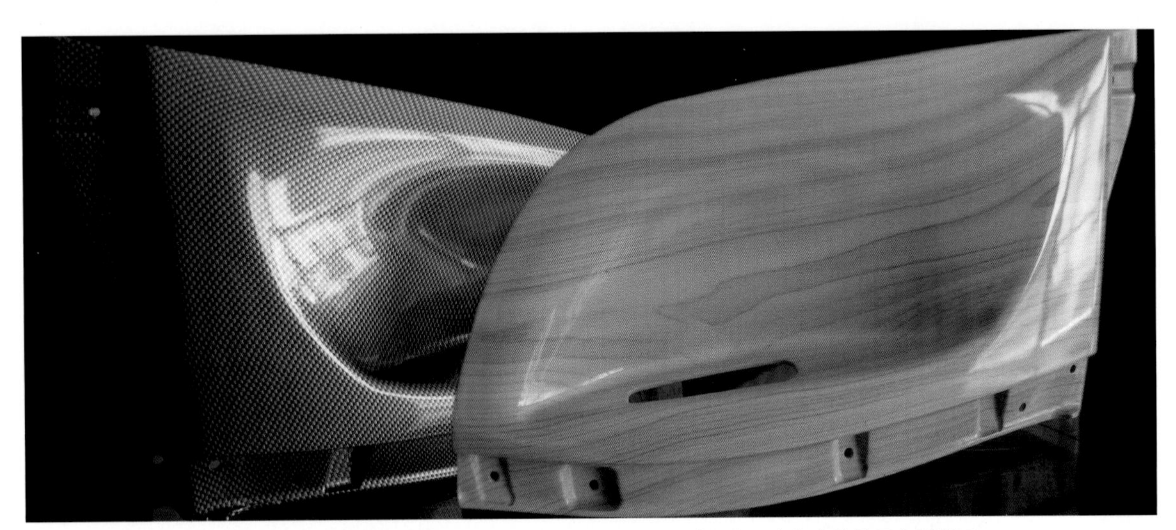

图 6.33　水转印薄膜的印制工艺较为复杂，适用于大量常用的图案纹理，碳纤维、各色木纹等图案最常见

6.5.4 其他印制工艺

广告印刷行业还有水贴膜、UV 喷印、图章式的移印与烫印、热转印等印制工艺可用于模型制作效果的表现。这些印制工艺普遍是先将花纹或图案印刷到胶纸上或雕刻到印料上，再通过加热、加压、加水等方式，将油彩的花纹图案转印或烙印到模型表面。所以，应根据具体设计需求与条件选择印制工艺（图 6.34、图 6.35）。

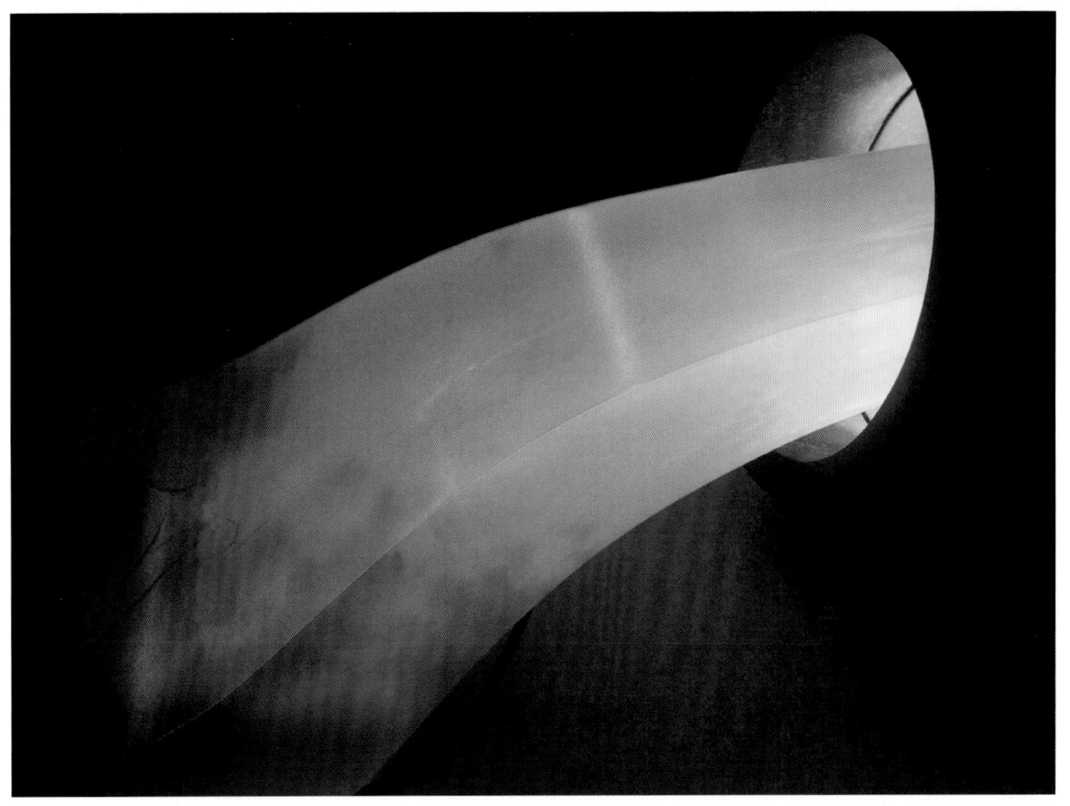

图 6.34　定制的水贴膜可满足特殊图案的需求，虽有一定的韧性，但在三维曲面上进行整体披覆有一定难度

图 6.35　将 UV 背喷的印制方式应用于亚克力导光板，使模型表面呈现晶莹剔透的效果

本章思考题

(1) 分析阐述产品表面设计理论与模型表面处理实践的关系。

(2) 试结合实践操作谈模型表面基础处理工艺的技术难点和技巧。

(3) 思考某一种材料的表面处理工艺是否能应用于其他材料。

(4) 思考激光技术对于表面处理工艺还有哪些潜在作用。

第7章 产品设计模型案例赏析

本章要点

■ 课程技法类模型。

■ 实践表现类模型。

本章引言

一块普通的泥巴或木头在人们手中经过塑造便成了充满力量感和生命感的产品形态，并呈现出惹人喜爱的造型风格。这是一件美妙的事情，源于人们的动手能力和创新意识。本章将分享多个实践案例，力图通过赏析这些精美的模型，使读者体会灵活多变的产品模型塑造技法，体会“是法非法，即成我法”的塑造真谛，体会“重剑无锋，大巧不工”的现代产品美学辩证评判标准。

7.1 课程技法类模型

随着产品设计教育理念、模型材料与工艺、实验设备及环境的不断优化和完善，产品设计模型塑造课程设置了几何形态模型、有机形态模型、产品形态模型、综合材料模型等多个课题，其技法相通，但形式多样、各有特色、常做常新。现摘选部分优秀作业供读者赏析。

7.1.1 几何形态模型

本课题设置的目的是训练学生的产品设计思维，帮助学生理解形体的变化关系，使其在变化中求得统一，掌握形态设计的基本规律，提高对形体的感知和创造能力，同时锻炼其对产品型面、孔隙、装配等基础结构的认知及塑造表现能力（图 7.1、图 7.2）。

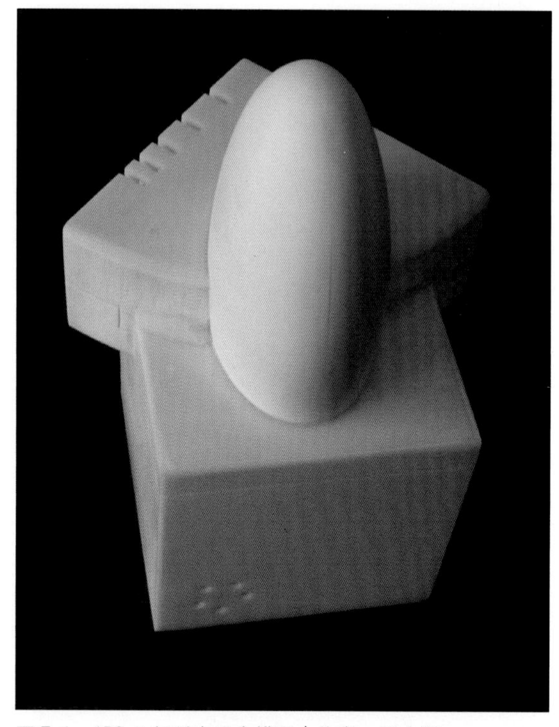

图 7.1 ABS 几何形态组合模型 | 作者：杨文翠

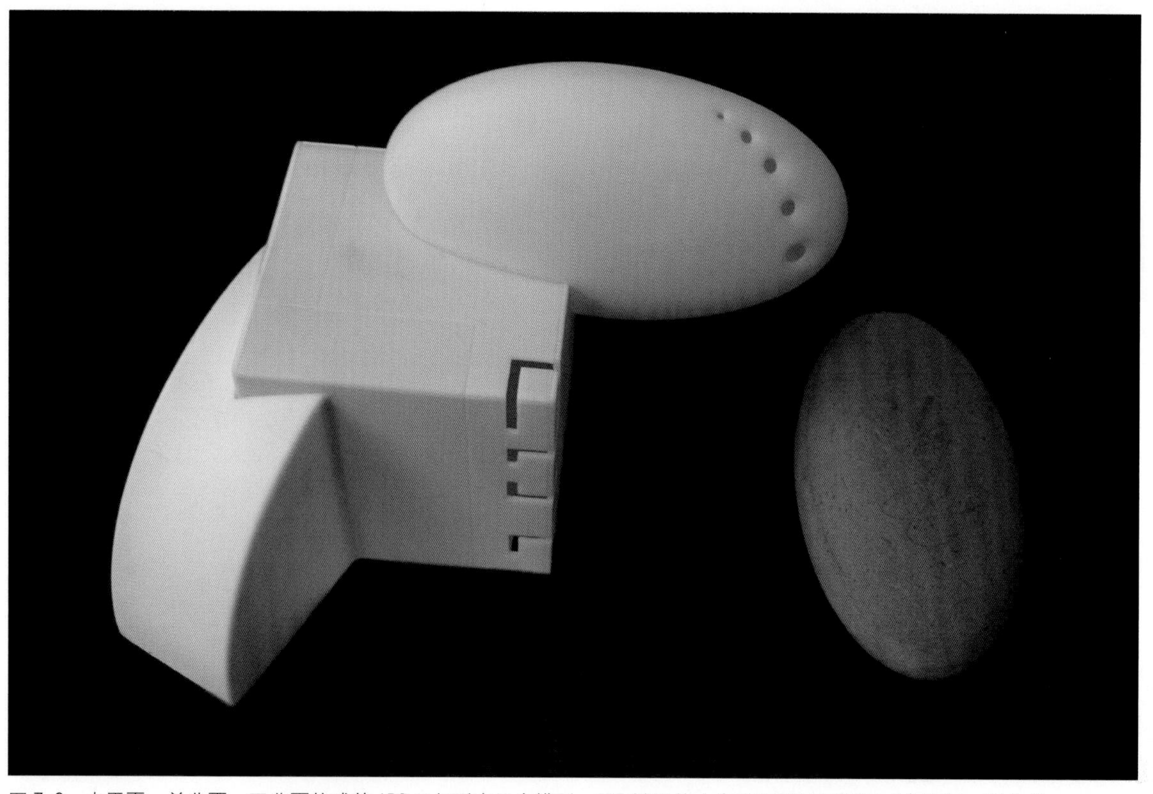

图 7.2 由平面、单曲面、双曲面构成的 ABS 几何形态组合模型，ABS 椭圆体由密度板模具压制而成 | 作者：贾文卓

7.1.2　有机形态模型

本课题选定克拉尼设计的交通工具形态为研究对象，充分发挥了油泥适合推敲及表现实体模型的特性。塑造训练提升了学生的油泥模型表现技能，更为重要的是学生在进行有机形态塑造的过程中，提高了对产品形态设计的理解能力（图 7.3、图 7.4）。

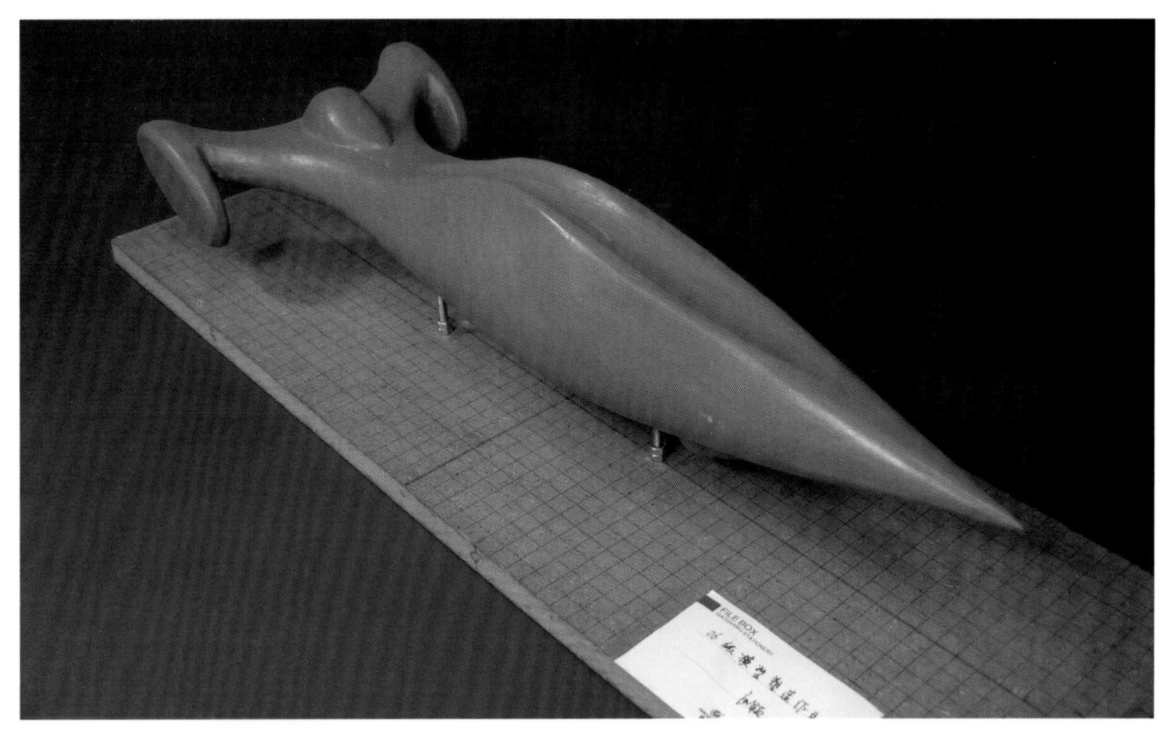

图 7.3　有机形态油泥模型塑造 | 作者：张颖

图 7.4　有机形态油泥模型塑造 | 作者：李闯

7.1.3 产品形态模型

与有机形态模型相比，本课题对尺度、比例、对称、细节等形式的规则性要求更高(图7.5)。

图7.5 油泥塑造1：10卡车车头模型 | 作者：杨文翠 贾文卓 王志强 韩晓露

7.1.4　综合材料模型

本课题选择手控类产品为塑造对象，通过测绘产品外观三视图确定模型尺度，使用密度板、ABS、油泥等适合的材料进行模型的塑造，使学生在全面掌握不同模型材料的基础塑造方法的同时，能最大限度地体会产品设计的人机关系、造型风格等形式特征(图 7.6、图 7.7)。

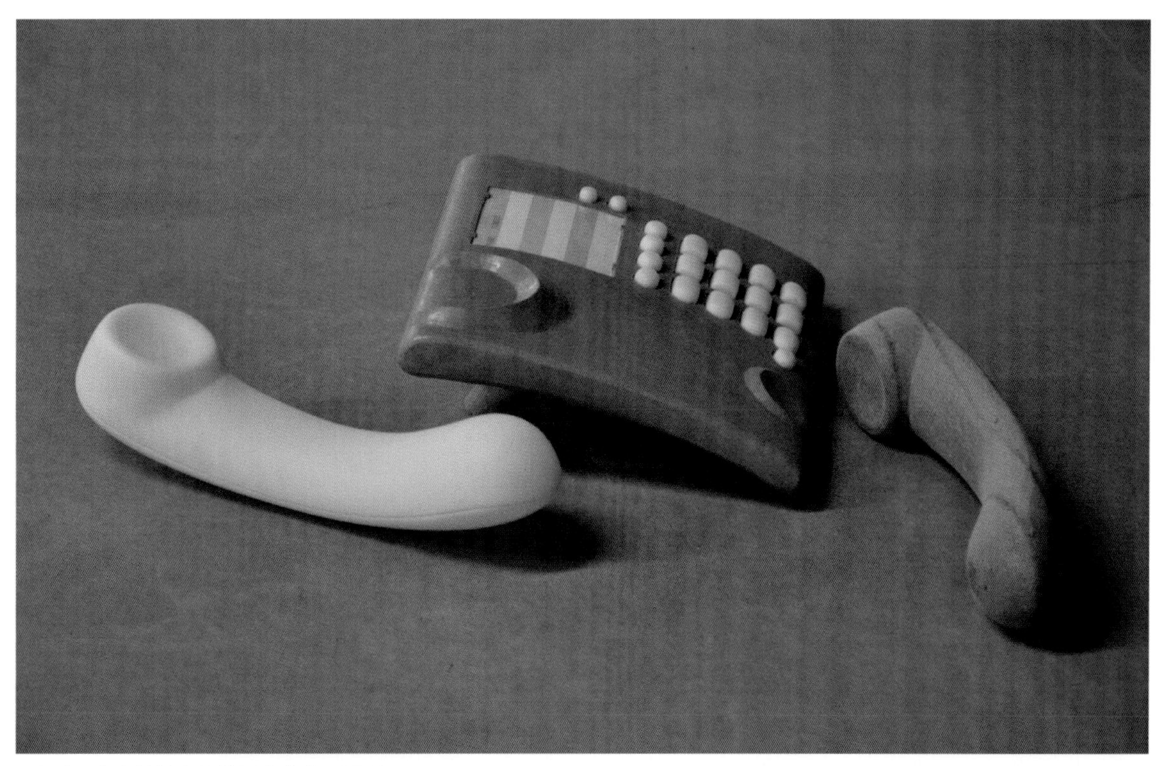

图 7.6　综合材料产品模型 | 作者：顾威

图 7.7　综合材料产品模型 | 作者：王宏

7.2 实践表现类模型

继模型塑造课程之后，产品设计产业还会有诸多课程设计、毕业设计、科研实践等需要用到实践表现类模型。此类模型摆脱了模型塑造课程的某些约束，有更丰富的材料选择，可采用先进的成型技术，因此普遍可以达到更为真实、精美的艺术表现效果。现摘选部分优秀作业供读者赏析。

7.2.1 手作产品样机模型

通过模型塑造课程的动手实践，学生已经熟练掌握了产品模型塑造的材料特性与制作技法。在进行毕业设计时，应鼓励学生手工制作样机模型（图 7.8、图 7.9）；或者，结合机

图 7.8 “玩具夹子”手工木制样机模型 | 作者：王琳，指导教师：田野

图 7.9 “小助手”手工竹制样机模型 | 作者：梁雨桐，指导教师：田野

械加工、手作样板等多种技术手段来制作符合设计要求的样机模型(图 7.10、图 7.11)。

图 7.10　手动干果研磨器样机模型 | 作者：沈汇溪，指导教师：焦宏伟

图 7.11　篮球鞋样机模型 | 作者：张国宁，指导教师：焦宏伟

7.2.2 CNC、3DP 产品样机模型

CNC、3DP 是毕业设计最常用的产品样机成型技术，可表现材质的美感与工艺的精湛，也可表达产品的使用功能与装配结构，还可解决产品设计中的技术问题，检验设计的合理性，达到最真实、最适合评审的样机展示效果（图 7.12、图 7.13）。

图 7.12 几何形体造型音响样机模型 | 作者：马鹰扬，指导教师：陈江波

图 7.13 无人机样机模型 | 作者：高媛，指导教师：岳广鹏

7.2.3　工艺品模型

在课程以外，运用产品设计建模软件、模型课程技法，结合多种加工技术，开发创造材美工巧的工艺品模型，是设计专业人士和模型爱好者的追求，这类模型具有极高的收藏价值(图 7.14)。

图 7.14　精雕 CNC 快速成型技术平台开发的铝合金工艺品模型

7.2.4 科研模型

在国庆 70 周年辽宁彩车设计项目中，设计模型起着重要的指导作用。为展现彩车丰富的材质、色彩等艺术效果，研发团队根据设计方案进行结构拆分、细化设计，生成三维数据模型后，综合运用多种快速成型方式，分别对模型部件进行加工和表面处理，然后按步骤组装完成模型制作（图 7.15～图 7.18）。

图 7.15 国庆 70 周年辽宁彩车设计模型渲染效果及机器人结构细化后加工的众多实体模型部件

图 7.16　为实现铝合金机器人模型的发光效果，对其进行了各部件的细化设计、加工、修整、组装等工作

图 7.17　彩车模型采用多种材质及表面处理工艺，各部件都达到完美的设计效果

图 7.18　国庆 70 周年辽宁彩车设计模型完成效果

本章思考题

(1) 优秀模型案例应具备哪些要素?

(2) 试论课程技法类模型与实践表现类模型的主要区别。

(3) 谈一谈在专业学习过程中印象深刻的优秀模型案例。

结 语

本书遵循党的二十大报告“坚持创新在我国现代化建设全局中的核心地位”的指导思想，结合近年来产品设计模型塑造的发展状况，不仅深入浅出地谈设计、论模型，而且对多年的模型塑造课程实践教学经验进行了梳理。本书主张理论与实践相结合；侧重实践指导教学、学以致用；提倡以实物的、立体的、结构的、形态的理念理解及推导设计产品；促进学生完成从二维到三维的立体设计思维的升级转变，从而培养其产品设计创新能力。

本书是编者多年的产品设计模型塑造课程经验的总结，详尽地讲授了模型塑造的材料特性、加工工艺、制作技巧及相关前沿知识。本书注重内容的代表性、前沿性、科学性，希望能够激发学生对模型塑造的学习热情。

模型塑造是设计的基础、过程和方法，也是设计概念的缩影，以独特的形式将人与产品设计联系到一起。模型塑造从生活中来，并启示我们体悟生活、感悟自然。学生面对设计课程丰富的信息资源，应做到独立思考、回归本心，努力成为产品设计创新型人才，为时代需求服务。

焦宏伟

2023 年 5 月

参考文献

莎伦·罗斯，尼尔·施拉格，2008. 有趣的制造：从口红到汽车 [M]. 张琦，译 . 北京：新星出版社 .

克里斯蒂娜·古德里奇，等，2007. 设计的秘密：产品设计 2[M]. 刘爽，译 . 北京：中国青年出版社。

闻人军译注，2008. 考工记译注 [M]. 上海：上海古籍出版社 .

克里斯·拉夫特里，2008. 产品设计工艺经典案例解析 [M]. 刘硕，译 . 北京：中国青年出版社 .

玛莎·苏瑟兰德，2010. 模型制作基础手册 [M]. 王秀媛，译 . 大连：大连理工大学出版社 .

沃尔特·艾萨克森，2011. 史蒂夫·乔布斯传 [M]. 管延圻，等译 . 北京：中信出版社 .

沃尔特·艾萨克森，2018. 列奥纳多·达·芬奇传 [M]. 汪冰，译 . 北京：中信出版社 .

宋应星，2019. 明本天工开物：第 1 册 [M]. 北京：国家图书馆出版社 .

米歇尔·罗伯特，2019. 颠覆式产品创新：创造全新产品，获得话语权 [M]. 池静影，等编译 . 北京：电子工业出版社 .